U0181848

# 数学真有趣

世界の見方が変わる「数学」入門

## 让你豁然开朗的
## 公式与故事

［日］樱井进 著　罗宇 译

山东人民出版社·济南

国家一级出版社　全国百佳图书出版单位

**图书在版编目（CIP）数据**

数学真有趣：让你豁然开朗的公式与故事 /（日）
樱井进著; 罗宇译. -- 济南: 山东人民出版社, 2024.6
ISBN 978-7-209-14579-4

Ⅰ. ①数… Ⅱ. ①樱… ②罗… Ⅲ. ①数学–青少年
读物 Ⅳ. ①O1-49

中国国家版本馆CIP数据核字（2023）第100232号

山东省版权局著作权合同登记号　图字：15-2023-49

**数学真有趣**
SHUXUE ZHEN YOUQU
——让你豁然开朗的公式与故事
[日] 樱井 进　著　罗 宇　译

主管单位　山东出版传媒股份有限公司
出版发行　山东人民出版社
出 版 人　胡长青
社　　址　济南市市中区舜耕路517号
邮　　编　250003
电　　话　总编室（0531）82098914
　　　　　市场部（0531）82098027
网　　址　http://www.sd-book.com.cn
印　　装　济南新先锋彩印有限公司
经　　销　新华书店

规　　格　32开（148mm×210mm）
印　　张　6.25
字　　数　130千字
版　　次　2024年6月第1版
印　　次　2024年6月第1次
ISBN 978-7-209-14579-4
定　　价　45.00元
　　　　　如有印装质量问题，请与出版社总编室联系调换。

# 序　言

对你而言数学意味着什么？

提起数学，想必大多数人头脑中浮现的是在学校里上数学课的情景。我们的数学课本难免会让人联想到"为了应付考试的数学"。在所有的考试科目中，数学是特殊的，数学考试成绩的高低在一定程度上决定我们未来职业道路的选择。话虽如此，我想我们都曾不止一次地在内心问过自己："数学是用来做什么的，我为什么要学习数学？"在学校的数学课上，我们很少有机会甚至几乎没有机会提及这些问题。那么大家为什么不在课堂上讨论这些如此明显的问题呢？原因很简单，它们并不属于考试内容。自然，课本上也不会讲。

我正想通过此书向大家表达自己对上述问题的看法。当你学习数学时，会发现数学中的许多知识是互相关联的，而且，数学世界是建立在层层基础之上的。比如，在九九乘法口诀的基础上，还有更高级的乘法和除法。如果我们连图形的名字都不知道，就不可能完成几何学中的证明。从小学数学到高中数学的教学计划都是建立在一系列数学知识的累积之上的。数学的教学计划中本应该有一个关于"为什么要学数学"的内容，遗憾的是，目前学校的课程设计中并不包含该内容。

我们也可以将本书最初的问题换一种提法，改为"数学有什么用"；进一步，我们还可以提问，"数学是什么时候、出于什么原因被发现的？"

了解这些朴素的关于数学问题的答案在数学学习的过程中非常重要。虽然我并不准备在一本书中总结长达数千年的数学史，因为这显然远远超出了我的能力，不过，我可以将自己在这数千年的数学史中感受到的一些东西传达给读者朋友们。在这本书中，我将要讲述的数学故事，也一直激励并启发着我。

当你读完本书的时候，就能明白，"以人为本的数学"正是最初之问的"答案"的核心。

　　数学问题只有一个答案，答案的唯一性正是其价值所在。然而，对于创造数学理论以及使用数学的人们而言，答案见仁见智。如果你能感受到其中的每一个想法，并对数学产生兴趣的话，对我而言将是一个意外之喜。

樱井　进

2020年10月

# 目　录

刷新你对世界的认知的数学入门

第一章

通往数学世界的入口

### 写于爱丁堡

"当地时间2020年6月10日下午3时，到达羽田机场。"

被外派到爱丁堡工作的N先生正准备返回日本，N先生回国的目的是与朋友S先生见面。N先生已经很久没有回过日本了，因此，这次旅行的准备工作做得非常充分。

在订好机票和酒店后，N先生继续敲打着电脑键盘写道："这样我就放心了，真是个便利的时代啊！"订好机票的N先生看了看地图突然想："爱丁堡与东京的距离有多远呢？"N先生之所以这么想，是因为他平时就有用手机上的地图导航软件查看不同地点之间距离的习惯。他现在只需要打开常用的地图导航软件，分别点击爱丁堡和东京即可。眨眼间，手机屏幕上便出现了两点之间的最短路线，同时显示它们的距离。N先生不由自主地发出赞叹："很难相信以前人们需要花上几个月时间坐船渡海才能到达的地方，我们现在借助飞机、互联网和地图导航软件的力量，只需要几个小时就可以轻松、安全地抵达。这真是一个了不起的时代呀！"

带着深深的感慨，N先生开始收拾行李箱。他想："只需要一台笔记本电脑、一个电源适配器、一部手机、一张信用卡以及一些换洗的衣服，一切就能轻松应对了。不，现在大部分商品可以用智能手机支付，所以不带信用卡也没有关系。有了智能手机，我甚至不需要手表和钱包。谁会想到人类能进入这样一个时代呢？"

万事俱备，接下来就是迎接出发的日子了。启程当天，N先生先乘火车从爱丁堡前往伦敦，接着在伦敦机场乘班机飞往羽田机场。

## 写于日本

飞机准时到达羽田机场，N先生出站后，在接机口等待的S先生立刻认出了他。久别重逢的两人直接去了N先生下榻的酒店。一路上，N先生向S先生讲述了他在准备旅行攻略时感受到的当今时代的便利。S先生说道："世界变化的速度如此之快，以至于'日新月异'这个词已经成为过去式，现在甚至没有一个合适的词来代替它。为什么会有这么大的进步呢？你怎么看？"

N先生本来只想谈谈他此行所感受到的便利，并不打算深究其中的原因。然而，面对兴致勃勃提问的S先生，N先生笑着回应："是因为计算机和互联网技术的进步吧，甚至还有人工智能技术的支撑。"S先生接着说道："确实，人工智能技术的发展速度飞快。其实你告诉我的所有事物中蕴含着一个共同点，这个才是进步的关键。"

　　N先生并不明白S先生想说的是什么，于是好奇地向S先生讨教："我甚至没有思考过这个问题，你能再给我一点儿提示吗？"S先生说道："你跟我提到的机票、时间、地图、信用卡、手表、钱、电脑、互联网等一系列线索，都有某种肉眼看不见的共同点。"N先生疑惑地说："肉眼看不见的共同点？……我猜不到，我认输了。"

　　S先生说："是数字，它们的共同点是数字，它们都需要用到数字。数字很重要的两个作用是表示时间和地点，这两点可以对应现实生活中的日历和地图。手机应用软件上令你印象深刻的世界地图同时利用了经度和纬度来表示我们的位置，你乘坐的飞机除了需要用经度和纬度表示位置外，还需要用海拔高度表示位置。换句话说，空间是三维的数据，加上时间维度，地图就拥有了四维数据，这就是我们现在所使用的地图。文字、影像、金额、信用卡号码和密码以及地图，这些信息都可以被转换成数字，从而被计算机处理。"N先生顿悟："原来如此，我明白了，数字才是关键所在。早就知道数字是你擅长的领域，没想到现在它还成了你工作的一部分。你真不愧是科学领航员！"

在知晓了问题的答案后，N先生终于对S先生的话题产生兴趣，S先生也说得越发起劲儿："数学是巧妙地运用数字的艺术，但是空有数字是没有意义的。只有通过数学，数字才能变得有意义，而且具有压倒性的力量。"N先生追问："这么想的话，那我们周围岂不是到处都是数字吗？"S先生回答道："正是如此，我们周围不仅有数字，数学图形也比比皆是。当然了，我们的思考方式很重要。以推理的方式思考，还是以逻辑的方式思考，虽然有各种不同的说法，但是这些都可以被统称为逻辑。数字、图形和逻辑都是数学的重要组成部分，这就是所谓'世界是由数学构成的'的意思。"

"原来如此，听了你的解释，我也开始相信世界是由数学构成的了，我还想了解更多的内容。"N先生兴奋地说道。S先生愉快地说："好啊，那么接下来就让我们进一步讨论旅途中令你印象深刻的每一件事情吧！"

就这样，以N先生从爱丁堡出发的旅程为契机，科学领航员S先生开始了他的讲述。

"我们继续聊数字。用于表示'何时'和'何地'的数字，是通过'计算'与'数学'相联结的。你有没有想过，为什么人类会发现并使用数字呢？

"答案很简单，因为数字便于使用。正如旅行攻略中

'何时'和'何地'一样，我们身边的许多现象都可以用数字来表达。在史前时代，即使没有数字或时间的概念，人类也有办法计算猎物的数量，这说明计算这个行为本身早已发生。显然，与其他动物相比，人类的'计算'能力是异常发达的。从人类拥有的物品数量来看，人类有足够的能力和技巧处理比较大的数字，如几百或几千，而其他动物是永远无法达到这个认知层次的。我们似乎每天都能不假思索地随意处理诸如'100'和'1000'这样的数字，这实际上是人类的一种非常了不起的能力。

"计数行为促成了'测量'这个概念的产生。例如，我们会说，'测量'一棵树的高度或者'测量'土地的面积。为了实现'测量'这个目的而发明出来的'工具'便是数的概念和记号，即数字。几千年前，各种文明都发展出了自己本地的数字。阿拉伯数字是其中一种非常适合用来计数的数字。

"计数行为还促成了'计算'这个概念的产生。随着人类获取食物的方式越来越多，人口逐渐增加，社会由此而诞生。与此同时，人们需要计算的事物越来越多，在这种情况下，仅仅计算大量事物的集合是远远不够的，于是就有了'高效做计算'的必要性。由于阿拉伯数字适用于计算，所以现在全世界都在广泛地使用阿拉伯数字。我们将在后面详细讨论人类是如何从各自使用的数字向阿拉伯数字过渡的。没有什么是比数字更方便的，数学就是在探究如何计算这些数字的过程中诞生出来的多种技能的集大成者。

"计算机是当今社会的先进工具，它是一台将所有的文字和影像信息转换为数字信息的机器，并且它能利用转换后的数字信息做各种各样的计算。数学还与互联网的底层逻辑深度相关，因为互联网可以很好地传播我们的社会在不断发展的过程中所产生的巨大数据。现代社会正是建立在数学这种'能巧妙处理数字信息的技术'的基础之上的。这也是为什么我经常说，'数字是用来测量的，或者数字是用来计算的'。

"最后我总结一下，没有什么是比数学更有用的。现在你应该能体会到，将'何时'与'何地'这样的信息联结起来的数字拥有多么巨大的价值了吧？"

"我之前从没有意识到这些事情，不过仔细想想，确实任何事物都需要用到数字。数字的存在会产生计算行为，而计算行为与数学深度关联。虽然在此之前我并没有仔细思考过这些事情，但越想就越意识到，我们周围的一切事物都包含着数字和计算。那么这是否意味着，在这些事物的背后都蕴含着丰富的数学知识呢？"N先生陷入了沉思。对于N先生来说，从自己的视角重新审视数学是一种全新的体验，因为这是他此前从未思考过的新鲜事物。

S先生回答道："你说得对。正如我之前所说，我们不仅被数字包围，同时被图形包围。因为我们肉眼能看到的一切事物都有一个形状。此外，我们的思维方式也很重要。当我们思考由数字和图形所组成的系统时，就产生了如何有逻辑地进行思考的问题，这便是所谓的'逻辑思维'。我们的大脑是用来思考的，同数字和计算一样，如何进行'高效思考'是一个关键问题，只有'高效的思考'才能被称为思考。"

S先生更进一步说："逻辑学也是数学的一个分支，数学是一门与数字、图形和逻辑打交道的学科。事实上，电子计算机的原型正是由思考过'计算是什么'的数学家阿兰·图灵所设计出来的。利用数学而设计出来的计算机，现在已经成为全世界人民不可或缺的工具，这也意味着世界是经过计算的。因此我再次重申，没有什么是比数字更便利的，也没有什么是比数学更有用的，所以我才说'世界是由数学构成的'。"

两人的对话中再次出现科学领航员S先生所强调的关键词，于是，这个关键词成为开启下一个话题的引子。N先生说道："原来如此，从现在开始，我也觉得世界是由数学构成的了，但是我以前从未听说过这种说法。"

S先生继续为N先生解惑："是啊，但是现在'世界是由数学构成的'这个概念已经被写进日本高中数学教科书了。新出版的高中数学教科书《活用数学》正是由我的老师根上生也教授作为主要负责人而编写的，我也是这本书的作者之一。"

S先生接着说道："《活用数学》的基本理念是数学与人同在。迄今为止，学校的数学课本一直忽略了一点：数学其实是一个故事。数学是一个被书写了两千多年的宏大故事，故事内容是人类智慧的结晶，是无数先贤倾注心血的创造。数学有过去、现在和未来。古希腊数学家欧几里得留下的《几何原本》正是这个故事的开端之作。事实上，数学和文学一样，都是以文字为载体书写在纸张上的鲜活的故事。作为作者，我想要传达给读者的是，数学是由全人类共同书写的真实故事，起承转合皆在其中。"

"确实如此，在学生时代，我以为学习数学只是为了应付考试。即使我偶尔对你刚才所说的那些事情感到疑惑，也并没有问过任何人，我甚至都没有尝试过在书本中寻找这些问题的答案。"N先生一边回忆在学校里学习数学的情景一边说，"但是，为什么我在学校的时候对数学不感兴趣呢？我唯一关心的就是考试成绩，因为我非常清楚，考试太重要了。至于为什么会有数学，我们为什么需要学习数学，课堂上从来没有讲过。听了你刚才的话，我好像明白了。"

S先生接着说道："这是因为没有足够的时间。如果要在课堂上解释你刚才提出的那些疑问，需要花费相当多的时间。数学有两千多年的历史，把从算术发展到现代数学的重要内容编写进教材，是人们经过深思熟虑后才完成的。而且这些内容已经足够多了，更别提在教材中再加入关于为什么要学习数学的内容了。"

"话虽如此，但是这样真的好吗？我想答案绝对是否定的。因为这样的数学教材非但不会让学生对数学产生兴趣，还会导致越来越多的学生讨厌数学。"N先生太了解关于数学教育的话题了，因为这是他亲身经历过的事情。

N先生毫不犹豫地接过话题，说道："目前数学教科书讲授的内容很重要，你所提到的数学故事也很重要，甚至可以说非常有必要。显然，对于数学以外的科目，例如语文、英语、音乐、美术和体育等，学生们好奇的地方并不是'为什么要学习这个科目'，唯独对数学这门学科，他们会产生'为什么不得不学习这么多内容'的疑问。遗憾的是，学校里的数学课并没有针对这些疑问作出解答。到底应该怎么做才好呢？"

S先生回应道："你说得非常对。首先，向学校提出这样或那样的要求本身是不现实的，因为学校并不是咨询中心，我认为学校本质上应该是教授课本内容的地方。正如你所说，我们国家数学教科书的质量在世界上是非常高的，这是历经百余年形成的传统；而且，我们的数学教科书比自己想象的还要好，甚至有一些国家想把日本的数学教科书翻译成英文版本。有人会说，仅仅靠教科书来学习数学是不够的，但事实并非如此。我们首先应该了解，在编撰教科书背后，蕴涵着人们多少艰辛的努力。"

从和S先生打完招呼后聊起旅途准备工作的事情，到谈及学校的数学教育，话题已经产生了一百八十度大转弯。N先生的交谈兴趣也越来越浓厚，他将身子往前靠了靠，继续听S先生讲下去。S先生接着刚才的话题，说："我把与数学有关的人分为三类，他们分别是创造数学的人、传授数学的人，以及使用数学的人。所谓创造数学的人，指的是数学家。日本的数学研究走在世界前列，许多大学设有数学系以及其他一些与数学有关的院系。日本拥有三位菲尔兹奖获得者，日本数学家的成功无须赘言。传授数学的人指的则是数学老师。在日本，从小学到大学，有许多对教学工作葆有满腔热情的数学教师。最后，使用数学的人即全体民众，特别是那些将数学作为一种工具来使用的科研人员。数学为日本制造的高质量产品作出了巨大贡献。所以，我认为日本是一个货真价实的数学强国。"

N先生若有所思地说："原来是这么一回事儿，你要是早点儿告诉我就好啦。我还想问一下，日本是一个数学强国，这与教科书有什么关系呢？它与你的博学之间又有什么关系呢？今天听到的全是我不懂的东西。"

S先生回答道："为了解答你的疑问，我想讲一讲江户时代的数学。在江户时代，一场数学热席卷了整个日本，这要从四百年前的一本数学著作《尘劫记》说起。话说，吉田光由以中国的数学典籍为范本，创作了一本令人着迷的数学书，其中满载精挑细选的数学问题和精彩的插图。寺子屋①里每天都挤满了想要挑战《尘劫记》中数学问题的人，从平民百姓到封建领主和大臣，从儿童到成年人，无一例外。这本书首次（只是就日本国内而言的首次）记载了从1到无量大数的数字单位。书中的内容包括九九乘法口诀、算盘的使用方法等一些与日常生活密切相关的问题，为当时的人们的生产生活提供了非常大的帮助。《尘劫记》成为江户时代最

———————————

① 寺子屋，日本的平民教育机构。——译者注

畅销的书，其盗版书遍布全国各地的印刷厂。"

"什么，数学书居然是江户时代最畅销的书？"N先生感到非常震惊。S先生接着说："我是在小学六年级的时候第一次了解到江户时代的数学。当时，我想知道为什么数的单位只是到无量大数为止。于是，我在图书馆研究数的单位时发现了和算①的存在。我当时也很震惊，就像现在的你一样。从那时起，我开始阅读关于和算的书。"

N先生恍然大悟："原来如此，因为你从那个时候就开始阅读各种各样的书了，所以现在的你才会知道这么多知识。"S先生欣慰地说："你应该听说过一个叫关孝和的数学家吧？关氏的数学研究水平非常惊人，他的许多发现在全世界都是领先的。例如圆周率的计算、笔算的发明、方程的解法……这样的例子不胜枚举。以和算为起点，明治时代的日本政府开始学习欧洲的数学知识。当时的数学家（和算家）很快就理解了用他国语言书写的数学书，然后他们创作了自己的教科书。"

N先生说："真令人吃惊，正如你所说，数学是一个故事。令人遗憾的是，学校里并没有教这个。我现在明白你为

---

① 　和算：日本江户时代的传统数学。——译者注

什么要参与编写《活用数学》这本教材了，你认为应该怎么做呢？"S先生回答道："我确实正在考虑做一些事情，但是在此之前，我想说的是，你刚刚离开的爱丁堡正是数学这个故事的核心之地。我们现在每天都会使用的一个数学符号就是在400多年前的爱丁堡诞生的，你知道是什么吗？"

N先生满脸疑惑地说："数学符号？我不知道你说的是哪个数字符号，你能给我一点儿提示吗？"S先生提示道："它是你在购物、看报纸等日常生活中随处可见的东西。尽管它无处不在，但你所能看到的却是一个很小的符号。"N先生依然感到很疑惑，他说："真是谜一样的存在，我越来越搞不懂了，再给我一点儿提示吧。"于是，S先生说道："它可以用来表示货币市场中人民币兑换日元的汇率，也可以用来表示超市中每克食物的价格。"N先生大喜，说道："我明白了，你说的是小数点！"S先生点头称是："回答正确，小数点诞生于400多年前的爱丁堡，小数点诞生的故事正是那个激励我成为科学领航员的故事。"

N先生追问道："今天真是一个惊喜接着一个惊喜，小数点只存在了400多年，确实是一个令人惊讶的新事物。我甚至从来没有意识到小数点是一个数学符号。在数学中，有许多我不知道的故事。那么，你最后一个问题的答案是什么？我们在学校里应该如何教授数学故事呢？"S先生回答道："我很高兴你对这个问题如此感兴趣。最后一个问题真的很重要。事实上，答案就在我们眼前，我不知道你是否已经意识到了这一点。"

聊着聊着他们已经到达了N先生下榻的酒店。在酒店房间里，科学领航员那谜一样的话题一直持续到深夜。最后那一段神秘话语背后的真相究竟是什么呢？

第二章

世界是由数学构成的

## 数与数字的起源

你还记得我们是从几岁开始学会数着1、2、3……来"计数"的吗？你是不是从小就有一边默念数字，一边数身边东西的习惯呢？如果你面前有很多积木，你会怎么计算它们的数量呢？如果只有5块积木，你只需看一眼就能说出数量吧。可是如果有100块以上的话，你该怎么办呢？

在很久以前，当数字这个概念还不存在的时候，人们曾用小石子来计算自己饲养的动物的数量。英语中表示"计算"的单词"calculation"便源于拉丁语"calculus"，后者有"石头"的意思。人们通过手指和声音将积木这种"物"与"数词"联系起来，1个、2个、3个……以此完成数数行为。

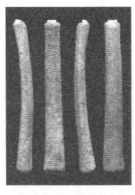

这便是数学中通过"一一对应"的关系来进行"计数"。

在"数词"产生之前，人们习惯于在树枝或其他物体上做标记。例如，在非洲斯威士兰山洞发现的狒狒骨头被刻上了许多标记。考古学家们推测，这些标记所记录的内容是猎物

伊塞伍德骨上的数字刻痕

的数量。这些狒狒骨头上的标记被认为是目前已知人类最古老的关于数字的记录，可以追溯到大约35000年前。伊塞伍德骨（the Ishango Bone）有20000多年的历史，同样被发现于非洲，在它们上面也有许多像是记录了某种数字的刻痕。

此后，世界各地出现的文明逐渐发展出各自的数字系统。令人惊讶的是，在约4000年前的美索不达米亚文明中，古巴比伦人使用六十进制计数法将$\sqrt{2}$的估值用楔形文字刻在了泥板上。此外，天文观测的需求进一步促进了数字系统的发展。天文学主要研究从地球上观测到的天体运动，例如太阳和月亮等天体的运动。地球围绕太阳公转一周大约需要365天。在距今大约3000年前的玛雅文明中，人们建造了天文台进行天体观测，其结果表明一年有365.2420天。与我们现在所知道的一年有365.2422天相比，其精确程度令人震惊。

古巴比伦泥板，数字1、24、51和10分别被刻在正方形的对角线上。古巴比伦数字是六十进制，泥板中的数字1是这个六十进制数的个位，24是该数小数点后的第一位，51和10分别是小数点后的第二位和第三位，将这个六十进制数转换成十进制数约等于1.41421296，用公式表达就是：$1+\dfrac{24}{60}+\dfrac{51}{60^2}+\dfrac{10}{60^3}\approx1.41421296$。$\sqrt{2}=1.4142135\cdots$，由此可以看出，1.41421296是一个相对准确的近似值。

　　玛雅人创造了自己的文字和数字，并基于他们所记录的天体观测结果，进一步发展出了日历的计算方法，这便是著名的玛雅历法[①]。数千年前的人类就已经知晓天体在"有规律地运动"，并萌生了利用这个知识创造对我们日常生活有用的历法的想法。而这一切之所以会发生，是因为我们日常生活的基础就是"时间"，这种时间观是基于"天体的规律性运动"。数字对于记录天体观测而言是必要且重要的。为了记录天体观测的大量数据，当时的人们创造出了数字。我们今天使用的阿拉伯数字，从其产生到普及传播，其实已经历经数千年之久。让我们先看看玛雅数字吧。

　　在玛雅数字中，人们用点表示1，用横线表示5，点和横线的组合可以表示从0到19的20个数字。这种表示数字的方法被称为二十进制，具体可参照第21页图片。

　　我们以图中表示19的数字为例进行解释说明，3根横线表示$5 \times 3 = 15$，横线上面的4个点表示$1 \times 4 = 4$，加起来就是19。如果要表示比20更大的数字，则需要使用进位，每进1位，便将该位的数字向上叠加书写。

---

① 玛雅历法：有周期为260天的祭祀历，有一年为365天的太阳历，还有从某一天开始，一天一天加上去的长期历法等。玛雅人擅长天文观测，据说他们拥有世界上最高水准的历法，但由于他们的大部分记录和资料都已丢失，很多东西至今依然是未解之谜。

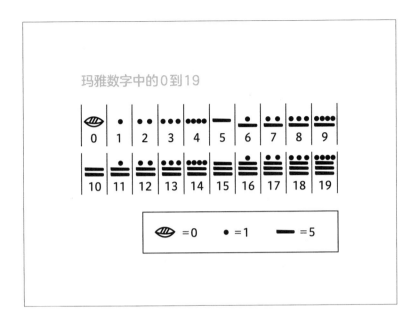

当表示比较大的数字时，需要用到本页上图中的20种数字。也许你在图中还看不出20的幂次该如何表示，那么不妨让我们以如今被广泛使用的十进制（这套计数系统中用到了10个数字）为例再次进行说明。以十进制中的数字1209为例，它可以被分解为1个1000（1000即$10^3$），2个100（100即$10^2$），0个10（10即$10^1$）以及9个1（1即$10^0$）。如果是在二十进制中，1209可以被表示为第22页上图左侧的玛雅数字。

接下来让我们看看玛雅文明以外的数字。大约5000年前，在尼罗河流域生息繁衍的古埃及人曾经借助物体的形状

●●●　　　$3 × 20^2$　　1200
　　　　　　　　　　　　　　 +
👁　➡　$0 × 20^1$　　　0
　　　　　　　　　　　　　　 +
●●●●　　$9 × 20^0$　　　9
　　　　　　　　　　　　―――――
　　　　　　　　　　　　　 1209

**将二十进制的玛雅数字转换成十进制数字**

三千零九十五

**十进制**　3095

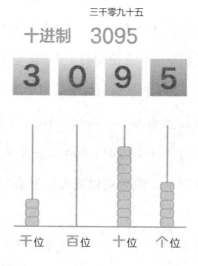

3 0 9 5

千位　百位　十位　个位

表示数字。在古埃及，由于尼罗河河水泛滥，人们需要重新测量土地，这时就用到了数学。此外，在建造著名的金字塔的过程中，数学也是必不可少的。大约4000年前，古巴比伦人将芦苇秆压在泥板上做出标记，再将这些标记作为数字使用，这就是前文提到的楔形文字。在大约2800年前的古希腊，数学有了突飞猛进的发展，比如，毕达哥拉斯、阿基米德和喜帕恰斯等数学家都在这一时期活跃着。现在，如果你看到这些古埃及数字、古巴比伦数字和古希腊数字，就会发现，从1到9，数字的形状发生了很大的变化。在这些数字中，我们能一眼认出的大概只有1到9；超出5的数字，在书写时就会变得晦涩难懂。因此，人们花了很多工夫研究如何表示5以外的数字。在玛雅数字和古希腊数字中，人们都用一个单独的符号来表示数字5。

## "0"的发明与阿拉伯数字

正如我们在前文中所提到的，古代的数学是为了记录数字而被设计出来的。然而，在这种情况下构思出来的数字体系中存在不便之处，那便是做计算这件事情。例如，让我们试着分别用古希腊数字、中国汉字数字以及阿拉伯数字来计算672×304。虽然每一种数字都能很好地把计算结果表示出来，但我猜你应该不想用前两种数字进行计算。在阿拉伯数字中，"304"通过数字的位置排列表示数位上的数，比如"3"表示3个百，"0"表示0个十，"4"表示4个一，这被称为"十进制计数法"，而前面提到的玛雅数字是"二十进制计数法"。其中，数字"0"起着非常重要的作用。因为无论多么大的数字都可以利用阿拉伯数字来表示，而不必像古希腊数字和汉字数字那样，遇到大的数字就要用其他符号来表示。这样的数字"0"被称为"空位数字0"。除了玛雅数字以外，古巴比伦数字和古希腊数字中也使用"空位数字0"。

由此可见，我们今天所使用的阿拉伯数字是多么方便，

| 古希腊数字 | 汉字数字 |
|---|---|

$$ⒻHⒻΔΔ‖$$
$$×　　HHH‖‖‖$$

?

Ⓕ = 500　　Ⓕ = 50　　‖‖‖ = 4
H = 100　　Δ = 10　　‖ = 2

$$六百七十二$$
$$×　三百零四$$

?

| 阿拉伯数字 |
|---|

$$672$$
$$×\quad304$$
$$\overline{\phantom{00}2688}$$
$$2016\phantom{00}$$
$$\overline{204288}$$

十进制计数法

百位　　十位　　个位

3　0　4

↑
空位的0

它们是专门用来计算的数字。在7世纪左右，印度人解决了古代数字难以用来计算的难题，他们创造出一套新的便于计算的数字。随后，在8世纪左右，印度人发明的数字传入阿拉伯，并迅速在贸易和学问蓬勃发展的阿拉伯地区传播开来。

然而，在经过了漫长的时间后，十进制计数法才开始普及，即使在数字计算曾经高度文明的阿拉伯地区也是如此。这是因为数字"0"在很长一段时间内都不为人们所接受，人们对代表着虚无的数字"0"打心底里感到恐惧。据说在古罗马时代，罗马教皇认为数字"0"是可憎的，把它看作恶魔的数字，因此数字"0"一度被禁止使用。直到12世纪，阿拉伯-印度数字从阿拉伯传入欧洲，并作为算术数字迅速普及开来。到了14世纪左右，我们现在所使用的阿拉伯数字的原型逐渐产生。15世纪，活字印刷术的发明促成了几乎与现在一模一样的阿拉伯数字的出现。

印度人不仅设计了"0"，还将其视为一个数字，并用其进行计算。虽然在其他文明中也出现了"0"的数字符号，但他们并没有把"0"作为一个数字来进行计算。在今天的人们看来，这确实显得非常奇怪。印度人将"0"作为数字进行计算的事实与其他文明有着很大不同。可以说，印度人建立的"0"的概念是一个真正的伟大发现。尽管印度人创造的数字在世界各地传播了很长时间，现在它们却被称为"阿拉伯数字"在世界各地广泛使用。

### 时间的起源

你有没有想过，时间单位"秒"最初是如何被确定下来的？我们知道，1分钟是60秒，1小时是60分钟，而1天有24个小时。换句话说，1天有 $60 \times 60 \times 24 = 86400$（秒）。其中，1天这个时间是一个关键点。实际上地球本身是旋转的，但是当人们从地球上看太阳时，似乎感觉太阳是围绕着地球旋转的。几千年来，人类一直从地球上观测太阳的运动。通过观测，我们可以确定1天有多长，这就是地球的自转周期。我们可以将观测到的地球自转周期的 $\frac{1}{86400}$ 定为1秒钟。就这样，利用地球的自转，我们可以将时间单位"秒"的长度确定下来。

然而，人们逐渐意识到，曾经以为恒定的地球自转速度实际上也在变化，因此有必要将秒的长度锚定在更稳定的运动规律之上，这就是地球的公转。地球围绕太阳旋转1周的时间（公转周期）是1年。人们又发现，地球的公转比自转要稳定得多，所以可以从1年的时间而不是1天的时间中获得秒的长度。那么，让我们来计算一下1年是多少秒吧。由于1天是86400秒，1年有365天，所以1年有86400×365＝31536000（秒）。然而，地球实际的公转周期要比365天略长一些，大约为31556925.9747秒。在1960年前后，国际上确定1秒钟是把1年平均分成31556925.9747份，每份为1秒。换句话说，时间是由天上的星星帮我们确定下来的。

## 几何学[①]（geometry）＝丈量地球

穿过北极与南极的巨大圆圈被称为子午线，其半径约为6357千米。仅仅看这个数字可能还不足以说明问题，让我们来计算一下地球的周长试试。因为圆的周长大约是其直径的3.14倍，所以地球的周长是6357×2×3.14＝39921.96（千米），这个数值大约为40000千米（或4000万米）。这并不是巧合，事实上，这背后隐藏着关于长度单位"米"的秘密。

在18世纪的法国，人们被当时各种各样表示不同的长度的单位所困扰。在1789年法国大革命[②]取得成功之后，新

---

① 几何学：研究图形和空间性质的数学的一个分支。它起源于古代中东地区，初等几何学在欧几里得时代达到顶峰。今天，几何学已经发展出了分析几何学、微分几何学等多种分支。

② 法国大革命：1789年，被波旁王朝压迫的公民受到启蒙运动和美国独立战争的影响，掀起的一场资产阶级革命。法国大革命成为现代法国的起点。

政府的政治家塔列朗呼吁建立一个可以在世界各地通用的长度单位，以取代之前各种互不相干的长度单位。在对确定长度单位的科学方法进行了周密的讨论后，法国的科学家们于1791年决定测量从赤道经过巴黎到北极的距离，并以该距离的一千万分之一作为基准。也就是说，子午线（穿过南极和北极的圆）周长的四千万分之一就是1米。这就是与之前的计算结果如此贴切的原因。法国人从1792年开始测量地球，在1798年，他们成功测量出法国敦刻尔克到西班牙巴塞罗那之间约1000千米的距离。要知道，在法国大革命时期，历时7年的地球测量活动是一项艰难的跨越国境的工作。

　　1799年，人们通过测量计算出整个子午线的长度，并且产生了一个新的长度单位——"米"。然而，这个新的长度单位很难被转换为当时的人们所习惯使用的长度单位。此后，法国政府持续在全世界推广这一新的长度单位。1875年5月20日，17个国家在巴黎签署《米制公约》时，法国的努力终于得到了认可。从长度单位米的提出（1791年）到被国际认可，足足花了80多年的时间。截至2019年底，全世界已经有59个国家签署了《米制公约》。在法国大革命时期，人们试图制定一个可以在世界范围内通用的单一长度单位的愿望无疑已经实现了。

米（metro）有测量的意思，顺便提一句，几何学（geometry）的意思是测量（metry）地球（geo）的方法。

### "位置"：用纬度和经度表示的地球上任一地点

人类生活在地球上的同时在持续地测量着地球。这是因为，我们每个人都在地球上占据了一个"位置"，这个"位置"是与每个人都密不可分的存在，人们常用纬度和经度来表示其在地球上所处的位置。在这个时代，我们能够轻而易举地查到世界各地的地图，所以经纬度也被视为理所当然的存在。但你是否知道，人类为了明确现在的经纬度，付出了多大的努力？

虽然可以通过观测北极星的位置来确定纬度，但要确定经度却是一件极为困难的事情。在英国，一度由于无法测量经度而频繁发生海上事故，甚至有人发出高额悬赏金来征集可靠的测量经度的方法。现在人们已经知道，地球上的经纬线相互垂直，用来表示位置的经度和纬度分别是经纬线上的数值。另外，赤纬和赤经用来表示天空中星星的位置。

我们在初中和高中学过直线和抛物线，它们的图形可以

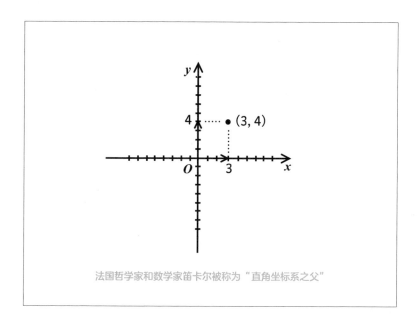

法国哲学家和数学家笛卡尔被称为"直角坐标系之父"

被画在互相垂直的$x$轴和$y$轴上，并且图上任意一点可以表示成类似（3，4）的形式。与经度和纬度一样，这些概念也是在17—18世纪才发展起来的。像这样，用一组数字表示地球上某个地方的位置、宇宙中星星的位置，或者笔记本上的一个点的位置，这组数字就是一个"坐标"。

多亏有了标有经纬度的地图，我们才可以在地球上安心地生活；也多亏有了坐标的概念，数学才得到了飞跃性的发展。我们在地球上的位置，夜空中闪耀的星星，以及笔记本上描画的形状，这一切都清晰地存在于我们眼前。然而，要找到一种方法来准确地表示这种种明显的存在，从来都不是

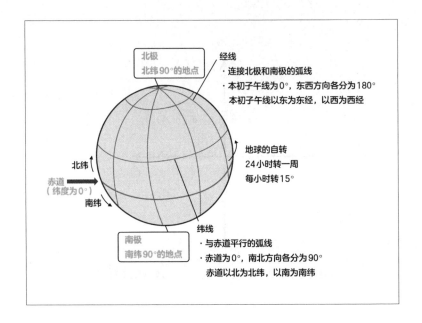

一件容易的事情。事实上，经线或纬线并没有被画在地球表面，而且，笔记本上画的图形背后也并没有$x$轴和$y$轴。要知道，我们人类可是花了很长时间才发现了这些肉眼看不见的坐标轴，以及标记在坐标轴上的数值——坐标。

在我们的日常生活中，可以切实地感受到肉眼无法看见的坐标的力量。当你在地铁站或在银行操作触摸屏时，当你用手指在智能手机的屏幕上划动时，计算机内部都在进行关于坐标的计算。这种用两个数字来表示平面上某一点位置的坐标被称为"笛卡尔坐标"，是以法国哲学家和数学家勒内·笛卡尔（1596—1650年）的名字来命名的。

### 子午线弧长的计算

测量国土是国家最基本的工作之一，因此，测量的标准也是由法律规定的。研究地球的形状和大小的学问被称为测地学。公元前3世纪，埃拉托色尼（约公元前276-公元前195年）在埃及对地球的大小进行了测量。从那时起，为了更加准确地了解地球的情况，人类开始不断地对地球进行测量。研究发现，由于离心力的作用，地球在赤道方向比南北极方向略微膨胀，所以地球的形状类似于一个旋转的椭球体。当人们通过连接南北两极的子午线将地球切开时，地球的横截面呈现出椭圆的形状。

200多年前的法国就实现了计算子午线弧长这一壮举。1791年，法国国民议会规定，从赤道到北极的子午线弧长的一千万分之一为1米。次年，前文所述的子午线测量项目就启动了。据说在当时的欧洲有超过40万种不同的长度单位，这一切的努力都是为了提出一种通用的长度单位。当时法国革命者的座右铭是："当我们拥有同一种信仰、同一种重量、同一种长度和同一种货币时，整个世界都将在大和谐中融合。"

从1792年开始，经过长达7年的努力，子午线的长度于被法国人以惊人的精确度计算出来，也由此诞生了长度单位"米"。子午线测量项目的领导人是法国数学家德朗布尔（1749−1822年），他成功地从大量的观测数据中确定了地球的真实形状，这是第一个证明地球是旋转的椭球体的定量性证据。1799年，德朗布尔利用自己所拥有的最强大的数学武器——微积分，推导出计算从赤道到纬度$\phi$的子午线弧长$S(\phi)$的公式。继德朗布尔之后，德国天文学家和数学家贝塞尔（1784−1846年）也接受了计算子午线弧长的挑战。而在此之前，最先发现行星的运动轨道为椭圆形的人正是以发现开普勒定律而闻名的开普勒（1571−1630年）。

以开普勒的名字命名的开普勒方程，是一个将行星的位置与时间联系起来的关系式。当天文学家试图确定一颗行星在特定时刻所处的位置时，就需要用到开普勒方程。然而，要求解这个方程非常困难。牛顿（1642−1727年）在其著作《自然哲学的数学原理》中用几何学的方法解决了这个难题，德朗布尔则用数学分析的方法解决了这个问题，德朗布尔方法中用到的主要工具是一类被称为"贝塞尔函数"的特殊函数。

事实上，在用贝塞尔函数解决了行星的椭圆轨道运行之谜后，贝塞尔又试图解决另一个关于椭圆的谜题，这就是地

行星的椭圆轨道（开普勒方程）

$$\theta - \epsilon \sin \theta = \frac{2\pi t}{T}$$

$$J\alpha(x) = \sum_{m=0}^{\infty} \frac{(-1)^m}{m!\,\Gamma(m+\alpha+1)} \left(\frac{x}{2}\right)^{2m+\alpha}$$

贝塞尔函数

贝塞尔椭球体

极半径 6356078.963 米

赤道半径 6377397.155 米

扁率 $\dfrac{1}{299.152813}$

球的真实形状。1841年，贝塞尔根据当时在世界各地取得的测量结果计算出地球的形状和大小。其结果表明，地球是一个旋转的椭球体，赤道半径为6377397.155米，极半径为6356078.963米，扁率为$\dfrac{1}{299.152813}$。这里的扁率是衡量旋转的椭球体与球体相比被压扁的程度。完美球体的扁率为0，当它被压扁时，扁率逐渐接近于1。基于贝塞尔的测量结果，地球的形状被称为"贝塞尔椭球体"。

贝塞尔椭球体已在世界各地被广泛采用，如今我们使用的更为精确的GRS 80椭球体是根据人造卫星测量的结果得到的。贝塞尔从14岁开始在一家贸易公司工作，那时他就开

纪念贝塞尔的邮票

始用数学解决航海中遇到的问题。贝塞尔对利用天文学来确定海上经度的问题很感兴趣，并参与了哈雷彗星轨道的计算。因此，不久后他离开了贸易公司，在一个天文台工作。

在那里，他对天文学作出了许多重要的贡献。在为纪念贝塞尔而发行的邮票上，印有用于解决开普勒方程的贝塞尔函数。尽管贝塞尔没有上过大学，但以海上工作为契机，他开始学习天文学和数学。贝塞尔用眼睛观测星空，以数学视角寻求真理，他是一位受星光引导的数学家。

1880年，德国大地测量学家和数学家赫尔默特（1843－1917年）发表了一个计算子午线弧长的公式，该公式被称为赫尔默特-贝塞尔公式。后来，数学家高斯（1777－1855年）提出了最小二乘法，这个算法在天文学和大地测量学中都有重要的应用价值。赫尔默特写了一本详细介绍最小二乘法的专著，在本书中，他有许多重要发现。例如，关于如何确定旋转椭球体参数的方法，以及用于测地坐标系的坐标变换，即"赫尔默特变换"。有趣的是，赫尔默特并没有完成计算子午线弧长公式的推导证明。然而，由于赫尔默特的公式比

## 地球（旋转椭球体）子午线弧长的计算

德朗布尔公式

$$S(\phi) = \int_0^\phi M_\theta \mathrm{d}\theta = \int_0^\phi \frac{a(1-e^2)}{(1-e^2\sin^2\theta)^{\frac{3}{2}}} \mathrm{d}\theta$$

$$\approx a(1-e^2)\left\{\left(1 + \frac{3}{4}e^2 + \frac{45}{64}e^4 + \frac{175}{256}e^6 + \frac{11025}{16384}e^8\right)\phi\right.$$

$$-\frac{1}{2}\left(\frac{3}{4}e^2 + \frac{15}{16}e^4 + \frac{525}{512}e^6 + \frac{2205}{2048}e^8\right)\sin2\phi$$

$$+\frac{1}{4}\left(\frac{15}{64}e^4 + \frac{105}{256}e^6 + \frac{2205}{4096}e^8\right)\sin4\phi$$

$$\left.-\frac{1}{6}\left(\frac{35}{512}e^6 + \frac{315}{2048}e^8\right)\sin6\phi\right\}$$

贝塞尔公式

$$S(\phi) = a(1-n)^2(1+n)N\left(\phi - \alpha\sin2\phi + \frac{1}{2}\alpha'\sin4\phi - \frac{1}{3}\alpha''\sin6\phi + \cdots\right)$$

河濑（日本国土地理院）公式

$$S(\phi) = \frac{a}{1+n}\sum_{j=0}^\infty \left(\prod_{k=1}^j \varepsilon k\right)^2 \left\{\phi + \sum_{l=1}^{2j}\left(\frac{1}{l} - 4l\right)\sin2l\phi \prod_{m=1}^l \varepsilon_{j+(-1)^m\lfloor\frac{m}{2}\rfloor}^{(-1)^m m}\right\}$$

以前的公式更为简洁且精确度更高，所以，赫尔默特公式逐渐普及开来。

2009年，日本国土地理院的河濑和重给出了赫尔默特公式的完整证明过程。河濑提出了一个计算子午线弧长的新公式，并表明赫尔默特的公式可以由它推导出来。河濑的公式告诉我们，计算子午线弧长的公式是一个正在进行时的研究课题。那么，为什么子午线弧长的计算在今天仍然是一个问题呢？问题的本质在于"椭圆"。从德朗布尔开始，直到现在，计算子午线弧长的公式都必须用到"椭圆积分"，这就是困难所在。雅可比（1804—1851年）、勒让德（1752—1833

年）、高斯等数学家对这个难题进行了长年的研究。多亏了他们的研究，我们得以了解地球的真实形状。在星星的指引下，人类创造了三角函数，并从三角函数中发展出了指数函数和对数函数，以及微积分这一强大的计算工具，从而得以计算星球的运动轨迹。从这个意义上来说，计算子午线弧长这一壮举确实可以被看作星星和人类共同见证的数学绝景。

【知识拓展】

位值制计数法：表示数字的一种方式。同一个数字在不同的位置可以代表不同的数字，因此可以简单地通过排列每个数字来表示一个数值，用0到9的10个数字来表示数字的方法被称为"十进制计数法"。

# 第三章

## 与人同行的数学

—— 发生在日本的数学故事

## 畅销百万的数学书《尘劫记》引起的巨大轰动

你有没有读过一本有趣到让你废寝忘食的数学书或者算术书呢？在江户时代，就曾经有这么一本数学书，被日本人争相阅读，从小孩到大人无一例外。我是通过一个电视广告才知道这本书的。1979年，在日本播出的一则国际商业机器公司（IBM）广告中，开场镜头是一连串被大声念出的量词："一、十、百、千、万、亿、兆、京、垓……"紧接着，画外音说道："……难以置信，在牛顿出生前15年，日本人就已经在进行如此大规模的思考了！"在看了几遍这个电视广告之后，我意识到一件事情。广告台词中"难以置信……日本人就已经在进行"这一部分，说的是"日本人"，而不是某个日本人——比如说像平贺源内①这样被誉为"日本达·芬奇"的特殊人物，这一点让我觉得有点儿奇怪。我心里不由得冒出一声："啊？"这种说法难道不是在"所有日本人"或"普通日本人"的意义上才会使用的吗？如果广告

---

① 平贺源内（1782—1780年）：江户时代中期的草药学家和小说家。他研究了草药学（相当于现代的药理学）、兰学、博物学和国学，举办了日本史上第一次药用植物博览会，发明了摩擦起电机和温度计，还在剧本创作和净琉璃艺术等方面表现出了卓越的才华。

台词中的"日本人"确实不
是特指的话，那么意味着
日本人，或者说全体日本
人，都知道如何阅读从1到
无穷大的数字。"真的是这
样吗？"我对此抱有疑问。

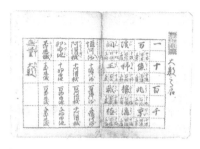

《尘劫记》中记载了从1到无量大数的数
字单位

因为即使在今天，依然有很多日本人不知道如何阅读诸如无
量大数等数词，更别说能熟练地使用它们了。于是我立刻跑
到图书馆，想了解一下江户时代的人们是如何学习阅读从1
到无量大数的。也就是在那时，我第一次知道了《尘劫记》
这本书的存在。

《尘劫记》的作者吉田光由[①]是京都的富商，他还是一位
和算家。吉田光由研究了中国的数学典籍，经多次修订编撰
出《尘劫记》。正式出版后，《尘劫记》迅速成为江户时代的
超级畅销书。

据说在江户时代，不仅在寺子屋，甚至每个家庭都有这
本数学书。它是当时人们的数学入门书，不仅教给人们数的

① 吉田光由（1598－1672年）：数学家，和算的创始人。他以中国的
《算法统宗》为范本，加入一些日本的民间传说而编成《尘劫记》，
对数学的普及作出了重要贡献。

读法，还教给人们算盘的使用方法和九九乘法口诀。需要说明的是，当时的日本还没有像今天这样的学校。由于《尘劫记》中有各种引人入胜的数学问题和精美的插图，以至于我非常羡慕江户时代的孩子们能用上这么好的教科书来学习数学。也正因为它是江户时代的国民数学教科书，才配得上《尘劫记》这个书名。对于我来说，与《尘劫记》的邂逅是通往江户时代未知的数学世界的入口。

江户时代在日本本土独立发展起来的数学被称为"和算"。中国元明时期的数学典籍在江户时代传入日本，日本的和算家们对这些传入的典籍进行解读，发展出了自己的数学流派。后来我逐渐意识到一件事，原来日本人今天使用的算术和数学教科书是以《尘劫记》为基础发展而来的。在奉行锁国政策的江户时代，当日本与世界其他地方隔绝时，它却发展出了自己独特的数学文化。日本的绘画，包括浮世绘，在全世界广为人知，而日本的数学取得了超越艺术作品的发展。那么，接下来就让我们看一看江户时代的数学那些鲜为人知的故事吧！当你了解了和算的故事以后，可能就会对你在教科书中所学的数学产生不同的理解了。

虽然在室町时代会做乘法的人很少，但到了江户时代中期，由于《尘劫记》的普及，越来越多的普通人学会了使用算盘，能熟记九九乘法口诀、九九除法口诀，并且能熟练地使用非常小的数和非常大的数进行计算。许多人甚至能解出涉及平方根和立方根的一些高度复杂的方程式。可以说，当时没有其他任何一本书能够如此成功地将解决数学问题的魅力介绍给普通大众，《尘劫记》极大地提高了日本人的数学品位。这本书最突出的特点就是，里面拥有大量充满趣味性的难题，例如"绢盗人算"（与二元一次方程有关）和"鼠算"（与等比数列有关），书中还针对这些难题绘制了解释说明的精美插图。如果你手中正好有一本《尘劫记》，不妨打开它随便翻阅几页，你肯定会兴奋地发现它居然如此有趣！

### 计数的方法

《尘劫记》的开头就介绍了计数的方法：个、十、百、千、万、亿、兆、京、垓、秭、壤、沟、涧、正、载、极、恒河沙、阿僧祇、那由他、不可思议和无量大数。如今我们常见的数量词只是到京为止。如果有人对你说"1兆米"或"1京元"，可能你都很难感受到这些数字究竟有多大。

1无量大数是指在1的后面跟着68个0的总共有69位的数，10无量大数是有70位的数。为什么400年前的人就已经在考虑如此大的数字了呢？对于这个疑问，我在我的故乡山形县找到了一些线索。在山形县鹤冈村的一座神社，还保留着刻有数学问题及其解法和答案的像绘马一样的木板，这种木板被称作"算额"。在这些算额上，记载着许多数学问题，其中涉及的数字最大可以到垓（1的后面有20个0）。例如，有这样的问题，某数字的8次方为3866垓3727京9427兆0989亿9008万4096，求上述数字的8次根为多少。虽然我们在中学数学中学过平方根的概念，但是并没有计算（数值计算）过像1234的平方根这样的数字，更不用说像刚刚提到的算额中的问题了。计算那么庞大的数字，简直是难以想象的事情。

下图所示是一种被称为"算盘"的用来计算数值的工具。算盘上的深色与浅色木棍叫"算木"（也被称为算筹，由中国传入的计算时使用的小棍），用来表示数字，人们在算盘上摆放算木以进行数值计算。最终，计算结果会在最上面一行表示出来。如果你仔细看的话，会发现在第一行有3个这样的格子，在1根横的木棒下面有3根竖的木棒。其中横的木棒表示数字5，竖的木棒表示数字1，于是第一行所表示的这个数字就是888。怎么样，你是不是觉得用算盘做计算和我们如今使用计算器或者电脑做计算有些相似。人们甚至还能用手算来计算那些巨大的数字，这表明江户时代人们的计算水平非常高。然而，当时这些数学问题并不能被应用

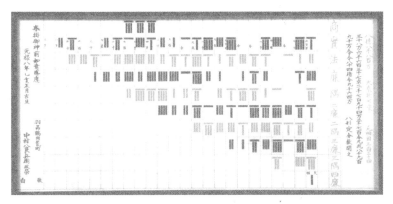

山形县一座神社的算额（1695年）。上面记载的是从 $x^8 = 3866$ 垓 $3727$ 京 $9427$ 兆 $0989$ 亿 $9008$ 万 $4096$ 这个问题推导出 $x = 888$ 的过程。

到日常的生产或生活中。之所以创造出这些问题，其意义在于问题本身，即为了享受解决数学难题的过程。这些问题对于当时的人们来说相当于"趣味数学题"，现在我们知道了江户时代的人学习那么大的数字竟然只是为了体验解答数学难题过程中的乐趣。

　　除此之外，在一块来自岩手县的算额上记载的问题涉及一个更大的数字：求数字涧（1后面有36个0）的26次方根。类似这样的算额还有很多，当成功解决这些数学问题时，人们得到的喜悦是非比寻常的，而且问题越难，你越要花费更多的时间来解决它，其中的感动也越发强烈。这一点在现在和过去都是一样的。与现在不同的是，江户时代的人们在解答出这些问题时会表现得特别感动。囿于时代的局限，他们甚至认为这是因为上天、佛祖以及祖先的保佑，自己才能够解决这些问题。也正是出自这种感激之情，他们把自己解决问题的方法和答案整整齐齐地刻在木板上，并把它们供奉在神社和寺庙。

### 九九乘法口诀

你还记得以前在学校里一边吟唱一边背诵的九九乘法口诀吗？它在2000多年前的中国就已经出现了，后来传入日本。从"一一得一"一直到"九九八十一"，一共有81条。但你知不知道，江户时代的九九乘法口诀只有36条。事实上，在学习九九乘法口诀时，关于1的乘法是最容易的，可以不用记。此外，颠倒乘法的顺序，如$4 \times 1 = 4$、$5 \times 1 = 5$这样□ $\times 1 =$ □型的乘法，也非常容易。你甚至都不用记住$9 \times 8 = 72$（"九八七十二"）。因为$9 \times 8$等于$8 \times 9$，所以你只需要想起"八九七十二"

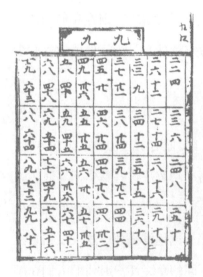

《尘劫记》中的九九乘法口诀。从"二二得四"到"九九八十一"，共有36条。

就知道9×8的答案是72。换句话说，如果你记住了"较大的数乘以较小的数"等于"较小的数乘以较大的数"，那么你就不需要记住另一组乘法算式的答案。因此，为了方便人们记诵，《尘劫记》中所记载的九九乘法口诀只保留了最必要的36条。

### 九九除法口诀

在江户时期，人们通常用算盘进行计算。因此，除了九九乘法口诀之外还有九九除法口诀。这是因为，如果熟记九九除法口诀，你用算盘就能算得更快。下面我将选取《尘劫记》原文中的几条口诀进行解释。

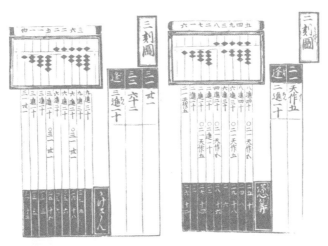

用算盘做除法计算的方法（原文从右往左读）

## ■2作除数的九九除法口诀

- 二一天作五：意思是10除以2的商为5。由于10里面有5个2，所以天要放5个算珠（算盘的上方称为"天"）。

- 逢二进一十：意思是20除以2的商为10。由于20里面有10个2，故将2进一位放到十位上。这里做计算时要用到"逢"字，表示"逢n进一十"，但是口诀中的"逢"字并不会被念出来。

## ■3作除数的九九除法口诀

- 三一三十一：意思是10除以3的商为3，余数为1。由于10里面有3个3，且余1，故将余数1放在3的后面一位。

- 三二六十二：意思是20除以3的商为6，余数为2。由于20里面有6个3，且余2，故将余数2放在6的后一位。

- 逢三进一十：意思是30除以3的商为10。由于30里面有10个3，故将3进一位放到十位上。

### 米的重量单位

《尘劫记》还记载了当时的人们在日常生活中用到的各种度量单位。

以本页第二幅图"比一石更小的米的重量单位"为例，图中文字按从右到左的顺序竖着读。

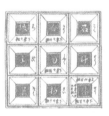

- 石：1石等于10斗。

- 斗：1斗等于10升。

- 升：1升等于10合，相当于60000粒上等米，或65000粒中等米，或70000粒下等米的体积。

- 合：1合等于10勺，相当于7000粒下等米的体积。

- 勺：1勺等于10抄，相当于700粒下等米的体积。

- 抄：1抄等于10撮，相当于70粒下等米的体积。

- 撮：1撮等于10圭，相当于7粒下等米的体积。

- 圭：1圭等于10粟。

- 粟：1粟等于 $\dfrac{1}{10000}$ 勺。

## 树木高度的测量方法

《尘劫记》中的数学问题盛载着日常生活中非常有用的智慧。

本页上图所示是《尘劫记》原书中的一页。将一张纸巾沿对角线折成一个等腰直角三角形，在直角的底部悬挂一块小石头。移动三角形，使得树的顶点刚好位于三角形斜边的延长线上，并测量此时三角形竖直的直角边所在位置与树根的水平距离为7间（日本的一种长度单位，1间约等于1.82米），由于三角形距离地面的高度为半间，可以计算出这棵树的高度为7间半。

### 没有答案的难题极大提高了江户时代的数学水平

除了拥有令人着迷的丰富内容之外，《尘劫记》的另一大特点是书末的"遗题"，但这些遗题并没有附答案。吉田光由在书中写道："……如果我只把自己想讲的内容简单写下来的话恐怕会误人子弟。世界上有一些数学并不是很好的人，他们也创办了数学补习班，给很多人上课。从他们学生的角度来看，学生可能并不知道给自己上课的老师是否真的有实力。因为一个人能够在算盘上快速计算并不意味着他或她擅长数学。下面我将提供12个没有解答步骤（通往答案的论证过程）的问题，你可以用它们来测试你的老师。"这段文字可以被看作一封来自吉田光由的挑战信。书中的遗题如第52页图片所示。

其中最难的一道题是问题10，即第52页右下角的图片所展示的问题。这个问题是："将一个直径为100间的圆形大宅，用两根平行的绳子划分给3个人，使其面积分别为2900坪（日本的一种面积单位，1坪约为3.3平方米）、2500坪和2500坪。求此时绳子的长度（弦长）和弦高。"

为了解决这个问题，必须先解一个四次方程。当时没有人能够解决这个问题，这个问题对后来的数学家们产生了重大的影响。人们争先恐后地发表遗题的解答方法，甚至发表自己想出的遗题，并且逐渐形成了一个数学发展的良性循环：解决难题、创造难题，然后发现更先进的解题方法。这个循环被称作"遗题继承"，是江户时代特有的一种传统。

泽口一之[①]在其所著《古今算法记》一书的结尾也留下

---

① 泽口一之：生卒年不详，江户时代早期活跃于大阪的和算家，是桥本正数的弟子。他在1671年编写《古今算法记》一书。他是第一个使用"圆理"（算法）一词来指代和算中的积分和无限级数理论的人。

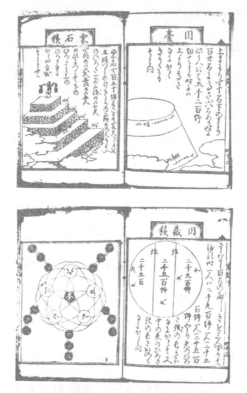

《尘劫记》中的遗题。虽然加上插图看起来比较
容易理解，但这些问题的难度还是比较大的。①

---

① 右上图所示题意为：假设图中圆台上底面的圆的周长为40间，下底
面的圆的周长为120间，高为6间。如果要从上往下切出1200坪的圆
台，其高为多少间？左上图所示题意为：用石子堆叠成5层的高台，
每层高度为5尺，高台的体积为750坪（坪除了表示面积，也可以表
示体积，1坪＝6尺×6尺×6尺）。已知每层台面为正方形，如果从
地面起算，第2级台阶的宽度（外层大正方形边长的一半减去内层小
正方形边长的一半）为1丈，第3级为7尺，第4级为6尺，第5级为5
尺，那么高台顶部和底部的面积各是多少？（日本的1尺约等于0.303
米，1丈约等于3.03米）右下图所示遗题为本书第51页提及的问题
10。左下图所示遗题缺少遗题说明，不知原题何意。——译者注

了一系列遗题，解答这些遗题需要用到多元高次连立方程组的解法，而成功解答出这些遗题的人正是江户时代的天才数学家关孝和[1]。关孝和将他的解答发表在《发微算法》（1674年）一书中。虽然这是关孝和的第一本书也是最后一本书，但他在《发微算法》中作出了一项划时代的伟大发明，那便是"傍书法"，一种在纸上书写多元高次代数表达式的方法。在此之前，解方程必须借助一些特殊工具，例如用算木和算盘解方程。关孝和巧妙地设计出了一种在纸上书写以便求解的方法，这就是今天大家在日常生活中使用的笔算的起源。随着《发微算法》的出版，关孝和迅速引起了公众的注意。

### 笔算的原型——"傍书法"的发明

从飞鸟时代开始，和算一直需要借助算木进行算术计算，直到后来算盘从中国传入日本，算盘才代替算木成为和算的主要计算工具。由于人们使用这些计算工具进行计算时，拥有较快的速度，所以没有人考虑过其他的计算方法。另外，当时手写时使用的是毛笔，写的字是中国数字，

[1]　关孝和（约1642—1708年）：数学家。他打破了日本数学对中国数学的依赖，使日本数学走上了独立发展的道路。他研究了方程的解法、矩阵行列式的求法以及求圆周率等问题的方法。他还写了《天文数学杂著》和《关订书》等关于天文历法研究的书。

所以他们根本没有想过用笔在纸上演算。然而，关孝和意识到，有些问题是无法用当时的算木和算盘进行计算的。当他将一种解方程的数值解法"天元术"①的计算过程写到纸上时，他惊讶地发现，只要他将算木和变量写在纸上，他就可以进行计算。关孝和用甲、乙、丙、丁和中国十二生肖的名称来表示变量，这就是关孝和发明的"傍书法"，一项划时代的计算方法。使用$x$、$y$、$z$等变量进行计算，在今天看来是一件再寻常不过的事，代数运算的发明使得在纸上自由地进行公式推算成为可能，这极大地促进了之后数学的发展。

关孝和用傍书法解决了《古今算法记》中的遗题，并将其写进了《发微算法》。日语的特点之一是它既可以纵向书写又可以横向书写。虽然现代西方数学只采用横向书写，而且这在如今已经成为主流，但值得注意的是，江户时代的日本人即使纵向书写也能进行代数运算。这大概是因为他们发明了基于自己的语言来进行代数运算的独特方法。

---

① 天元术：中国发明的一种代数学，是一种利用算木来求解高次方程的计算方法。天元术是指设"天元一"为未知数（"立天元一为某某"），相当于设$x$为未知数，与现代代数中的"设为未知数"相对应。

### 关孝和的得意门生建部贤弘

关孝和的第一个后继者是建部贤弘①，他也是一位著名的数学家。建部贤弘是关孝和在鼎盛时期所收的弟子。尽管没有留下一张有关建部贤弘的肖像画，但他的身影一直在日本数学史上闪耀着灿烂辉煌的光芒。建部贤弘出身于一个高官家庭，是家里的第三个儿子，成年后曾经效力于三位德川幕府将军（家宣、家继和吉宗）。他的成就超群脱俗，为日本本土数学的发展和传播作出了巨大贡献。现在，日本数学会设立了关孝和奖和建部贤弘奖，以此纪念他们的成就。

建部贤弘从幼时起就对数学着迷，他从各种渠道学习和吸收数学知识，阅读的书包括《尘劫记》《古今算法记》以及关孝和的《发微算法》。在建部贤弘12岁时，他下定决心和哥哥贤明一起拜关孝和为师。建部贤弘的卓越才能从他19岁时写的《研几算法》一书中可见一斑。书名"研几"中"研"的意思是"详细而深入地研究"，"几"的意思是"微弱的，微小的"。

---

① 建部贤弘（1664—1739年）：将江户时代的数学提升到最高水平的数学家。他师从关孝和，著有多部关于恩师数学研究成果的解说书。他还进行了一系列与圆周率有关的研究，这些研究后来成为"円理"（算法）发展的基础。

故事要从泽口一之在1671年出版的《古今算法记》说起。据说这本书是日本第一本利用中国天元术来解决数学问题的书，并且持续地影响着后来的日本数学家们。泽口一之在书中给出的15个遗题非常有难度，许多挑战者都争先恐后地接受了挑战。1674年，关孝和在他的《发微算法》中给出了15个遗题的答案。1678年，另一位日本数学家田中由真也在他的《算法明解》中对这些遗题作出了解答。到了1681年，日本学者佐治一平在他的《算法入门》中对关孝和的《发微算法》提出了批评。原因是关孝和只给出了答案，并没有阐明具体的解题方法。作为回应，关孝和的弟子建部贤弘在其著书《研几算法》中对佐治一平进行了反驳。在这本书中，建部贤弘还发现了《算法入门》中的一些错误，并纠正了这些错误。1685年，建部贤弘的才能得到了充分的展示，他为《发微算法》写了一篇解说书，即《发微算法演谈谚解》，这本书的出版使得世人开始了解关孝和的数学。同年，年仅21岁的建部贤弘与他的兄长一起，起草撰写《大成算经》，将关孝和的研究成果汇编成书。建部兄弟齐心协力，终于在关孝和去世后的1710年完成了整套20卷的写作。如今的我们可以想象一下年轻时的建部贤弘是如何的意气风发，他以伟大的恩师关孝和为榜样创造出了属于自己的数学传奇。

## 建部贤弘的功绩——圆周率的计算

正在看这本书的你如果被问及"圆周率是什么"，你头脑中首先会想到什么呢？是"3.14"吗？答对了！大家在教科书中学到的圆周率一般是3.14。当然了，大家一定也记得圆周率并不是一个能被除尽的数。事实上，这个问题从公元前2000年前开始就一直困扰着世界各地的数学家们。直到1761年，人们才知道圆周率是一个不能被除尽的数，即无理数。在那之前，没有什么课题是比圆周率更能让数学家们着迷的，因为它可以被无止境地计算下去。

日本也不例外。在《尘劫记》中就出现了"圆理"（圆周率）的概念，其中记载的数值为3.16。在江户时代，这个难题被有实力的和算家解决了。关孝和从正131072（2的17次方）边形的周长算出了圆周率的小数点后第11位。这一计算的关键使用了现在被称为"埃特金加速法"（也称"z加速法"）的计算方法。这是一种能利用较少的演算步骤来获得小数点后较多位精确数字的计算方法。

让我们来回顾一下几件事情。首先，圆周率的定义是一个圆的周长与其直径的比值。因此，为了计算圆周率，可以通过计算直径为1的圆的内接正多边形的周长来逼近圆周率的准确值。建部贤弘利用当时被称为"增约之术"和"累遍增约术"的加速算法（现在被叫作"Richardson加速算法"），从正1024（2的10次方）边形的周长成功计算出了圆周率的小数点后第41位，大幅刷新了恩师关孝和的纪录。

1722年，建部贤弘在著作《缀术算经》一书中明确给出了圆周率的计算公式。令人惊讶的是，这一成果比天才数学家欧拉①利用微积分②得到同样的公式足足早了15年！由此，我们可以看出建部贤弘的数学造诣，仅仅在圆周率的计算这一块，也是世界级的。在闭关锁国的江户时代，日本的数学在独自发展的同时也与世界的数学同步发展，可以说这正是和算的有趣之处。

1713年，德川家继成为第七代幕府将军，建部贤弘也随即进入他的麾下。然而，德川家继在位仅仅4年就去世了。

———————————

① 欧拉（1707—1783年）：出生于瑞士的数学家。他被视为18世纪最多才多艺的数学家，是现代分析学的创始人之一。除了在分析学和其他数学分支方面有大量研究以外，他还在医学、化学和天文学等领域取得了重要成就。1735年，他的一只眼睛失明，直到后来完全失明，他仍然继续计算，许多公式和术语都以他的名字命名。

② 微积分：构成分析学基础的一个数学分支。微积分理论由两个支柱组成，即微分和积分，前者捕捉函数的局部变化，后者处理局部量在整个定义域上的累积。微分是一种考虑函数在某一点的切线或切面的运算。在几何学意义上，做积分就是求曲线或曲面与坐标轴之间所夹的区域的面积或体积。

紧接着，吉宗成为第八代幕府将军。按照惯例，前代将军德川家继的所有家臣都将隐退，建部贤弘也不例外。然而，吉宗将军还是将建部贤弘召回了江户城。这是因为需要有人承担处理诸如修订日历以及创建新日历的工作。其间，建部贤弘撰写了《算历杂考》《极星测算愚考》《授时历议解》等著作，并担任天文和历法计算方面的顾问。建部贤弘先后效忠于三位幕府将军，这在江户时代是非常罕见的，这也表明幕府将军家非常重视建部贤弘的才能。

### 建部贤弘的代表作《缀术算经》

建部贤弘应吉宗将军的要求写成此书并将其命名"缀术"。《缀术》一书本是中国古代数学家祖冲之的著作，祖冲之因计算圆周率而闻名遐迩。在探索小数点后十位以上的数字的数值计算规律的过程中，建部贤弘领悟了数学研究的精髓。因此，在《缀术算经》一书的开头，建部写道："缀术就像用针线一边缝补一边将事物的不同部分连接起来一样，最终将真理呈现出来。"从具体的计算之中，建部贤弘发现了抽象的规律，他想向人们讲述其中包含的深奥道理。在书中他还回顾了自己是如何在恩师关孝和的引导下走上数学道路的历程，并对那些即将追随他脚步的年轻人给予了鼓励。

当你遵循算数之心时，你就会一切顺遂。当你不遵循它时，你就会遭受磨难。遵循算数之心指的是在事物尚未显现之前，你就确定它必将显现，所以你内心没有疑虑，处于平常心的状态。由于你处于平常心的状态，你就不会停止自己平常一直在做的事情。也因为你总是在做自己一直所做的事情，从未停止，所以你终将得到你想要的东西。不遵循算数之心是指在事物尚未显现之前，你就开始患得患失，自我怀疑，不知道什么是可以得到的，什么又是无法得到的。

在上面这段话中，"算数之心"可以被理解为"数学的本质规律"。前两句话的意思是："当计算作为一种人类的巧妙技法并按照数学的本质规律进行时，其将不受任何干扰地平稳实现。然而，如果计算违背了数学的本质规律，那么其过程就会充满困难。"建部贤弘仿佛在说，数学与人同在。从这一点上看，我已经相信建部贤弘所追求的数学是"数学之道"，就像茶道、花道、香道、剑道一样，它们都是通过理性的思考和可行的方法来追求美与和谐。"道"并不是要对谁起什么作用的存在，而是一种可以将自己提升至极致水平的精神活动。如果可以这么理解的话，数学确实是真正的

"数学之道"。建部贤弘在300多年前留下的数学和文字跨越了时代，与今天的我们产生共鸣，这种影响将一代又一代地延续下去。

### 颁布学校制度与历法改革

新的明治政府在明治5年（1872年）颁布了学校制度，学校教授的数学将采用西式算术。其实在那之前，和算一直是学校教授的数学科目，新政府还曾让和算家们编撰新的数学教科书。然而，由于无法逆转欧化政策的潮流，日本作出了大举推行西洋数学（洋算）的决定，这也意味着和算的终结。

学校制度①颁布之后，明治政府宣布改革历法，将明治5年12月3日改为明治6年1月1日，这天既是旧历的最后一天，也是新历的第一天。数学家内田五观（1805－1882年）是此次历法改革的核心人物。他在11岁时进入关流数学学校学习，并在18岁时获得了关流的"免许皆传"（最高级别的许可证明）。他向精通印度历法的专家释圆通请教历法知识，并向高野长英学习兰学（日本闭关锁国时代由荷兰传入

---

① 学校制度：日本第一部关于现代学校教育制度的基本法令。1871年，日本废藩置县后立即成立的文部省计划建立一个全国性的学校系统，以尽快实现日本的现代化。其目的是实现文部省的中央集权式管理。

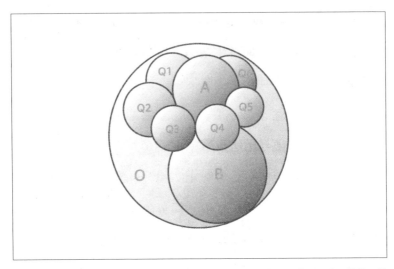

索迪的六球连锁定理：假设在球O内有A和B两个内接球，且球A和球B外接。此时，与球O内接且与球A和球B外接的连锁球有且只有6个。

国内的西方科学文化知识）。数学家内田五观之所以闻名于世，是因为他比欧洲人更早地解决了"索迪的六球连锁定理"。弗雷德里克·索迪[①]于1936年发表了该定理，但事实上早在100多年前的1822年内田五观就已经在神奈川县将这个定理作为算额发表出来了。

　　在江户时代，日本的历法是由一个叫作"天文方"的机构来进行研究的。之后的明治政府将这个机构更名为"天文

---

① 弗雷德里克·索迪（Frederick Soddy）（1877—1956年）：英国化学家。在对放射性元素的研究中，他发现了α衰变和β衰变。由于他在原子核衰变和同位素理论方面的杰出贡献，他于1921年获得了诺贝尔化学奖。除此以外，他在经济学方面有深入的研究。

历道局"，后来又改为"文部省天文局"。内田五观是这里的主要负责人，也是他得出了必须要修改历法的结论。这次历法改革的成功后来也被视作展示江户时代数学实力的一大证明。内田五观手下有一位数学家，名叫福田理轩[①]。1877年，福田理轩等人成立了"东京数学会社"。这是日本的第一个学术团体，也是日本数学界的最高机构，当时很多数学家都参与其中。现在的日本数学学会和日本物理学会都与这个机构有渊源。在这个民间组织中，还有东京大学第一位日本本土的数学教授菊池大麓（1855—1917年）。福田理轩创办了自己的学校——顺天堂塾，还成立了一个名为宇宙塾顺天求合社的公司组织，该组织主要培养测量学方面的专家并持续向新的明治政府输送人才。

福田理轩作为一个数学家，从未与西方数学失去联系。即使在学校制度颁布之后，在东京数学会社，成员们仍然同时使用和算与洋算进行教学活动。福田理轩在1868年出版的《笔算通书》序言中写下了这么一段话：

---

[①] 福田理轩（1815—1889年）：江户时代后期至明治时代的数学家。他致力于西式数学的传播，其著书包括《明治小学尘劫记》《近代名家算题集》以及日本第一部讲述数学史的书《算法玉手箱》。他还以赫歇尔天文学研究著作《谈天》中译本为基础，翻译了日译本。

童子问："和算与洋算孰优孰劣？"曰："算术本是自然存在的。任何事物皆有其象，有其象便必有数字，数字的存在意味着在其背后必定有某种原理在起作用。因此，这个原理在所有国家都是一样的，不存在优劣之分。毕竟，那些人之所以喜欢争论孰优孰劣，只是因为各自学问的高低存在差异而已……"

福田理轩在学习了西方数学后发现，其实洋算与和算所追求的并没有什么不同。探究本质是数学研究的重点，而福田理轩已经看清了数学的本质。

自江户时代至明治时代的转换期所发生的事情，可以从数学家们的活跃表现这个角度来进行观察。生活在江户时代至明治时代的数学家们，如内田五观和福田理轩，对新的国家基础建设作出了巨大贡献。从和算到洋算的转变也出乎意料地迅速且顺利地实现了。

自关孝和活跃的时代到明治时代已经过去了将近200年，毫不夸张地说，明治维新的成功得益于这一时期的数学积累。在江户时代后期，和算在江户城以外的各地蓬勃发展。在明治政府决定采用洋算之后，使用和算的传统并没有立即消失。即使在采用西式数学之后，全国各地的数学家们仍在继续制作算额。

　　对于我们今天在学校里学习西式数学的人来说，绝大多数人会以为数学是从欧洲输入的舶来品。对数学公式和符号的头疼，或许就类似于学习外语时的不适感。然而，正如我们之前所提到的，数学家早在几百年前就用自己的头脑和双手创造出了属于自己的数学，当时有很多普通民众都接触到了数学的原始形式。

第四章

什么是数学

### 为什么0不能作除数?

如果有小朋友问你:"为什么0不能作除数呢? 为什么不能用某个数除以0呢? "你会如何回答? 你可能会粗暴地说: "就是这么规定的! "但是, 这是不可取的。你应该耐心地向小朋友解释。首先, 这本来就是一个非常自然且重要的问题, 你不妨先表扬小朋友, "这是个好问题! "或者说"这是个非常有趣的问题"。接下来你再向小朋友解释为什么这是个好问题, 以及这个问题到底哪里有趣。举个例子, 60(千米/时)等于 $\frac{60}{1}$(千米/时), 这是每小时运动60千米的速度。同理, 若60÷0成立, 则意味着0小时运动60千米的速度, 可是这样的速度并不存在。因此, 当你在计算器上按下60÷0之后, 屏幕上会显示"ERROR"。

因为任何数除以0都不存在答案, 所以计算器上就会显示"E"或者"ERROR"。ERROR一般有错误、不同、误解或者过失的意思。在数学中, 它有时也被用来表示误差。那么, E(ERROR)究竟是指错误、不同、误解还是过失呢? 为了回答这个问题, 我们先来回顾一下什么是除法吧。

$$\times（乘法）\quad\rightarrow\quad\div（除法）$$

$$2\times3=6\quad\rightarrow\quad6\div2=3$$

像上面这个例子一样，我们可以想象到，在做除法计算时存在着与之对应的乘法计算。也就是说，除法计算和乘法计算的过程是相反的。那么，请你思考一下，与$3\div0$对应的乘法计算应该是什么样的。

$$乘法\quad\rightarrow\quad除法$$

$$?\quad\rightarrow\quad3\div0=\boxed{?}$$

于是，我们可以考虑如下的乘法计算式。

$$乘法\qquad\qquad\leftarrow\quad除法$$

$$0\times\boxed{?}=3\ 或者\ \boxed{?}\times0=3\quad\leftarrow\quad3\div0=\boxed{?}$$

换句话说，求箭头右边除法计算式中的$\boxed{?}$所代表的数字，等价于求箭头左边乘法计算式中的$\boxed{?}$所代表的数字。

其中，计算式 $0 \times \boxed{?} = 3$ 表示的意思是，0与某个数相乘等于3。但是，这样的数字根本不存在！所以，我们知道 $3 \div 0$ 的答案不存在。然而，事情到这里还远远没有结束。事实上，关于0作除数还有一些更麻烦的情况，那就是 $0 \div 0$ 的情况。同样地，我们可以试着找找看与之对应的乘法计算式。

$$\text{乘法} \quad \leftarrow \quad \text{除法}$$
$$? \quad \leftarrow \quad 0 \div 0 = \boxed{?}$$

于是，就会出现以下情况：

$$\text{乘法} \qquad\qquad \leftarrow \quad \text{除法}$$
$$0 \times \boxed{?} = 0 \ \text{或者} \ \boxed{?} \times 0 = 0 \ \leftarrow \ 0 \div 0 = \boxed{?}$$

让我们找找乘法计算式中的 $\boxed{?}$ 所代表的数字吧。有趣的是，你可以找到无穷多个数字 $\boxed{?}$ 使得左边的等式成立。例如：

$$\text{乘法} \qquad\qquad \rightarrow \quad \text{除法}$$
$$0 \times \boxed{0} = 0 \qquad \rightarrow \qquad 0 \div 0 = \boxed{0}$$

$$\boxed{0} \times 1 = 0 \quad \rightarrow \quad 0 \div 0 = \boxed{1}$$

$$2 \times \boxed{0} = 0 \quad \rightarrow \quad 0 \div 0 = \boxed{2}$$

$$\boxed{0} \times 3 = 0 \quad \rightarrow \quad 0 \div 0 = \boxed{3}$$

$$\cdots \quad \rightarrow \quad \cdots$$

所以，$0 \div 0$ 的答案有无穷多个。从上面的讨论可以看出，"为什么不能用某个数除以 0"这个问题本身就不太恰当。因为，0 作除数这件事原本是没有问题的，问题中的"不能"一词带有"不被允许"的意味。事实上，除以 0 的除法计算与其他除法计算并没有什么不同，它们可以被放在一起讨论。只是，其结果与其他除法计算（除以 0 以外的数的计算）的结果有很大的不同。我们将其结果作如下总结：

0 以外的数除以 0 的情况　　$3 \div 0 =$ 无解

0 除以 0 的情况　　　　　　　$0 \div 0 =$ 任意数字

关于"为什么 0 不能作除数"这个问题，用以上内容向小学六年级的学生解释的话大概是可以说得通的。那么，接下来我要讲的是如何向成年人解释这个问题。用 0 作除数的计算结果不同于 $6 \div 3 = 2$，$0 \div 5 = 0$，它的答案不是唯一确定的。事实上，"除以0"并不是"不能计算"的，准确表述应该是"其计算（演算）无法定义"。所谓"计算（演算）可以定义"指的是像 $3+5$，$6-4$，$8×3$，$6÷3$ 这样，答案是唯一确定的。由于我们前面已经知道 $a÷0$ 这种计算存在两种答案，其答案并不是唯一确定的，因此我们称"其计算（演算）无法定义"。这便是"为什么0不能作除数"的真相。用数学的语言表示出来就是："若 $a≠0$，则 $a÷0$ 不存在；若 $a=0$，则 $a÷0$ 有无穷多个答案。因此，$a÷0$ 的除法计算无法定义。"如果有一个能显示这种答案的计算器就好了。它也许是这样一款计算器，对 $60÷0$ 的计算结果显示"答案不存在"，对 $0÷0$ 的计算结果显示"所有数字"。

在学校的数学课程中从来没有出现过"计算（演算）无法定义"的情况。这是因为从小学开始，我们学到的所有计算都在"可定义的计算"范畴之内。我们在学校里不会刻意去涉及"无法定义的计算"，因为这些计算没有唯一的答案。其

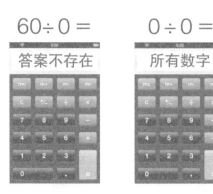

结果就是，只有"可以定义的计算"才会被放在课堂上进行讲解。也就是说，计算能否被定义是需要辨别的。比如说，为什么分数的四则运算各有不同呢？因为这些四则运算都是被精心定义的计算，所以我们才可以安心地对分数做计算。事实上，我可以详细地解释每一个运算背后的原理，但遗憾的是，在学校的教学中很难做到这一点。即使是高中数学也没有讲到那个程度。关于分数的四则运算是可以被定义的这个事实，我打算稍后再作介绍。但是，我建议大家不妨再读一遍数学课本，因为其中有一些隐藏的问题，只有待你成年时才可以轻易发现。

### 小数点真的有那么简单吗？

小数点"."是一个常用的数学符号，我们在中学时学过的 $\sqrt{\phantom{x}}$ 倒不怎么被经常使用，但是世界各地的大部分人每天都在使用小数点。试想一下你在日常生活中碰到小数点的情形。例如，你会在报纸的经济版和体育版中发现许多小数点，像"人民币1元＝21.66日元"这样用来表示人民币与日元的交换比率的数字被称为"汇率"；像"打击率0.333，防御率2.52"这些在职业棒球比赛中常见的技术指标也需要用到小数点；就连100米跑的世界纪录9.58秒这样的时间数据中也使用了小数点。如果用金钱来举例，比如说在超市里展示商品的价格时，小数点被用来表示小于1元的数值，例如"每支铅笔0.80元"。

既然小数点在我们日常生活中这么重要，那你有没有想过，这个小小的圆点是在什么时候、出于什么目的、被谁发明出来的呢？自我们认识这个世界，小数点就一直存在。尤其当我们接触数字世界，我们好像非常自然地理解了小数点的含义。即使有人忘记了圆周率或者根号的含义，也不会忘记小数点的含义吧。

正因为小数点如此常见且易于使用，所以有些人以为自古以来全世界都在使用小数点。事实上，小数点是在400多年前才被发明的。人类使用小数点的历史只有短短400多年的时间。这就让人不禁生出许多疑问。如果没有小数点来表示与我们日常生活密切相关的数量，如金钱、时间和百分比，那么400多年前的人是如何表示小于1的数字的呢？为什么人类在400多年前才发明了小数点？究竟是谁，又是出于什么原因提出了小数点的概念呢？

对于我们而言，小数点的出现看似理所当然，实际上它经历了漫长的发展时间才出现在我们眼前。小数点没有像雨滴或雪花一样从天而降，而是由某个数学家花了很长的时间才发明出来。这是一个隐藏在小数点背后的宏大故事。

## 小圆点有大故事

致所有热爱数学的人

致所有从未被数学爱过的人

致所有从未了解过数学之爱的人

并将此作品献给约翰·纳皮尔[1]

在 16 世纪的大航海时代，海上事故层出不穷，许多船员因为不了解星星的运行规律而丧生大海。

天文学家们努力地做着计算，编写天文年历，以确定星星的运行规律。全社会都在为天文学家的计算加油鼓劲。

于是，城堡的主人纳皮尔面对这个名为"计算"的敌人，花费了 20 年的时间创造了一个奇迹——乘法变

---

[1] 约翰·纳皮尔（1550—1617年）：苏格兰的城堡主，数学家。一生致力于将计算变得更简单，并留下了许多作为现代数学基石的发明和计算技术，如对数、小数点和纳皮尔筹。

成了加法。纳皮尔冒着生命危险进行了一次没日没夜的计算大航海。

现在，这出历史大剧已经揭开序幕。在那不为人知的对数诞生故事的背后，约翰·纳皮尔深藏功与名。

这是我作为科学领航员在举办讲座的开场影片中展示的一段文字。事实上，我的科学领航员工作是和纳皮尔一起开始的。我是在上高二的时候第一次了解到纳皮尔这个人，那是在一节数学课上学习对数（一种将乘法转换成加法的计算方法）的时候。首先，让我们看一下什么是对数。

$$2^3 = 8 \Leftrightarrow 3 = \log_2 8$$

大家应该知道，在式子 $2^3 = 8$ 中，数字"2"右上角的"3"被称为"指数"，它是为了表示把2变成8需要多少次乘方。指数也可以表示成对数的形式。像 $\log_2 8$ 这种形式被称为"对数"，但在当时，我并不理解为什么要刻意将它转换成指数表达式 $2^3 = 8$ 的形式。后来有一天放学后，我在图书馆发现了一本数学书。当我拿起它粗略地翻看了几页后，我的注意力被记载了"纳皮尔"故事的那一页吸引了。自然而然地，那一页的"对数"两个字瞬间映入我的眼帘，当时我正对对数符号的用法不知所谓并感到愤怒，真是说曹操曹操就到。

在大航海时代，由于航海技术尚不成熟，水手们的生命正沦为海洋中的草芥。天文学对于航海来说是非常重要的，虽然天文学家们进行的天文计算为航海提供了很大支持，但天文学家们像受到了诅咒一般被计算所折磨。书中说到，由于一种被称为"对数"的划时代计算技术的突然出现，天文学家们成功克服了天文计算的困难。对我来说，这是一段非常令人震撼的叙述。原来，"为什么要发明对数"这个问题的答案竟然是"为了拯救生命"。

哥伦布在1492年发现了美洲大陆，在100年后的16世纪，欧洲各国开启了大航海时代。当时的欧洲列强乘船漂洋过海，在世界各地寻找殖民地。大航海时代同时是一个宗教战争持续不断的时代，正是在这个动荡的时代，人类发现了小数点。

正如我在讲座开场影片中的文字所说的，为了帮助当时在天文计算中苦苦挣扎的天文学家们，城堡的主人纳皮尔勋爵研究出了一种"新的计算方法"——对数。在创造对数的过程中，纳皮尔引入了小数点这一符号。

## 天文学的计算

"天文数字"这个词至今仍被普遍使用。假设你的零花钱是每个月100元,如果你听说有人每个月领取100万元的薪水,你可能会说,与100元相比,100万元简直是一个"天文数字"。也就是说,"大的数字"可以被称为"天文数字"。接下来,让我们看一下制造业的"精度"问题。据说制造高性能发动机所需的精度是以微米($\frac{1}{1000}$毫米)为单位的。如果有一个数学问题说"求一个边长为30毫米的立方体的体积",那么计算结果如下:

$$30 \times 30 \times 30 = 27000 \ (\text{mm}^3) = 27 \ (\text{cm}^3)$$

然而,在制造高精度发动机的工厂,由于30毫米的边长只能测量到$\frac{1}{1000}$毫米(0.001毫米)的精度,所以根据测量结果计算得到的体积可能是像下面这样:

$$30.003 \times 30.012 \times 30.025 = 27036.0123309 \ (\text{mm}^3)$$
$$\approx 27.036 \ (\text{cm}^3)$$

这个例子属于简单的"天文计算"，顺便说一下，当你在做这些计算的时候，你会发现一件事情，那便是小数点的重要性。你会发现小数点是一个非常有用的数学符号，它是如此不可或缺，以至于没有它将无法想象。从上面这个例子你也可以看到，"大数"中的"大"指的是数字的位数或者数量级。所谓的"天文计算"指的就是"具有大数量级的数字之间的计算"。

不难理解的是，在具有大数量级的数字之间进行计算是非常困难的。这是因为"计算量"太大了。对于像 $34×17$ 这样的乘法，你可以通过做 4 次乘法得到 578，它们分别是 $4×7$，$3×7$，$4×1$，$3×1$。如果是求 $12345×67891$ 的话，总共需要做多少次乘法呢？答案是需要进行 5（位）×5（位）＝25（次）的乘法运算。由于天文计算＝大数量级数字之间的计算，所以这其中的困难度（计算量）随着数量级的增加而增加，而且做乘法比做加法的困难度更大。天文学的世界就是一个充满了大数量级计算的世界，这一点从古至今都没有改变。

## 天体运动的舞台——天球

让我们把目光转向星星的运动吧。在夜晚，如果你仰望星空，会看到有一些星星在静静地闪烁着。这些星星似乎并不是没有方向地做随机运动，而是都在同时朝着同一方向旋转。长期观测星象的古人早就注意到了星星运动的规律性，他们发现星星的排列位置每年都是一样的。除了星星的规律性运动以外，为了深入了解各种天文现象，人们还进行了持续不断的天文观测，例如日食和月食。基于这些大量的数据，占星术得到了发展。通过这些观测确定下来的星座被称为"黄道十二宫"。这些星座知识传入古希腊后与希腊神话相结合，星座的数量进一步增加。人们将这些星座比作希腊神话中的人物和动物，由此产生了十二星座的故事。

狮子座的故事：狮子座是一只生活在美奈亚森林中的食人狮子，它被英勇无畏的海格列斯所征服。

猎户座和天蝎座的故事：海神的儿子奥瑞恩是与海格列斯齐名的英雄，由于他经常吹嘘自己的力量，激怒了宙斯的妻子赫拉。后来，赫拉派了一只毒蝎子去刺杀奥瑞恩。奥瑞恩死后变成了天上的猎户座，而毒蝎子则成为天蝎座。直到今天，人们仍然认为奥瑞恩是害怕毒蝎子的。猎户座和天蝎座东西相隔170度，据说正是因为猎户座害怕天蝎座，所以要等天蝎座日落西山后，猎户座才从东方升起。

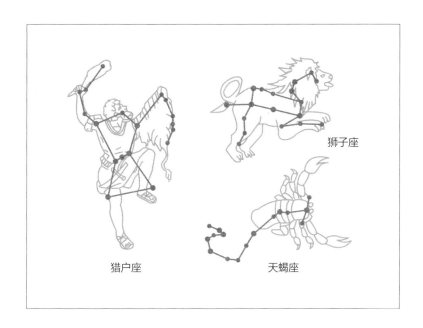

狮子座

猎户座　　　　　　天蝎座

　　目前，国际天文学联盟已经确定了88个星座。它们是以古希腊天文学家喜帕恰斯[①]划定的49个星座和古希腊天文学家托勒密[②]划定的"托勒密48星座"为基础而确立的。

　　接下来，让我们把话题从星座的故事转移到数学上来。

[①]　喜帕恰斯（约公元前190—公元前125年）：古希腊天文学家。利用精确的天文观测和三角学，他分别计算出地球与太阳和月亮之间的距离。他还创建了一个星图，并将其与过去的观测结果相比较，发现了春分点的移动（岁差）。他使古代天文学系统化，为后来的天文学发展奠定了基础。

[②]　托勒密：活跃于2世纪的希腊天文学家和地理学家。他继承和发展了喜帕恰斯的研究成果，并撰写了天文学论文《天文学大成》（*Almagest*）。他还利用经纬度绘制了地图，并进行了数学和音乐方面的研究。

天文学家喜帕恰斯和托勒密在数学方面的成就远远超过了他们在天文学这一主要研究领域上的成就。其中最核心的研究成果之一是"三角法"。所谓"三角法",顾名思义,是一种求解难以直接测量的长度的方法,该方法用到了直角三角形的内角与两边边长的比值之间的关系。在实际测量中,人们经常用这种方法测量土地的长度、宽度和面积等数值。

直角三角形的3条边分别对应3个长度,即底、高和斜边。存在6种不同的方法从3条边中选择2条边并计算它们的比值。其中最常用的是正弦sin、余弦cos和正切tan这3个比例,它们都出现在高中数学中。

那么究竟为什么正弦和余弦这样的三角比会与星星的运动有关呢?在前文对三角比的介绍中,人们会发现有"角度$\theta$"的存在,这里的角度是一个关键点。从地球上观察太阳、月亮和其他天体时,可以认为它们是在一个以地球为中心的球面上运动,这个球面就是"天球"。实际上,任何两个不同的天体到地球的距离都是不一样的,而且要测量这些距离并不是一件容易的事情。因此,天文学家假定所有的天体都是在距离地球无限远的球面上运动,并着重关注以地球为原点观测时的天体的方向,即"角度(夹角)"。这意

## 三角比的定义

对于直角三角形中的非直角角 $\theta$
可以定义以下 6 种三角比

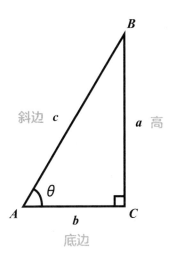

正弦（sin）·······················  $\sin\theta = \dfrac{a}{c}$

余弦（cos）·······················  $\cos\theta = \dfrac{b}{c}$

正切（tan）·······················  $\tan\theta = \dfrac{a}{b}$

余割（cosecant）···············  $\csc\theta = \dfrac{c}{a}$ （ $\dfrac{1}{\sin\theta}$ ）

正割（secant）·················  $\sec\theta = \dfrac{c}{b}$ （ $\dfrac{1}{\cos\theta}$ ）

余切（cotangent）···············  $\cot\theta = \dfrac{b}{a}$ （ $\dfrac{1}{\tan\theta}$ ）

味着，星星在天球上运动时，自然会存在各种各样的夹角，这就形成了三角比。

当你在高中的数学课堂上学习三角比和三角函数时，将会碰到许多看起来很棘手的计算公式。因此，在这里我们接着讲故事，暂且不做任何烦琐的计算练习。以后当三角比和三角函数突然出现在高中数学课堂中时，我希望你能够毫无畏惧地轻松面对这些烦琐的计算。

## 三角函数是如何诞生的？

当我们回望遥远的过去时，我们会意识到一件不可思议的事情。科学和制造业之所以能发展到今天这个高度，原因之一是长度单位"米"几乎被全世界共同使用。在第2章中，我们简要地谈到了人们是如何被多种并存的测量单位所折腾的历史，但即使是在这种情况下，天文学这个领域仍然持续发展了数千年。这当然离不开天文学的特殊性，因为"角度"这个概念在天文学理论发展的过程中起到了支撑作用，使其不被长度单位的混乱所影响。令人震惊的是，在公元前2000年左右的古巴比伦诞生的六十进制计数法，至今仍被作为角度的单位所使用。在古巴比伦，历法是在一年为360天的基础上制定的，据说人们把周而复始的一年比作一个圆，

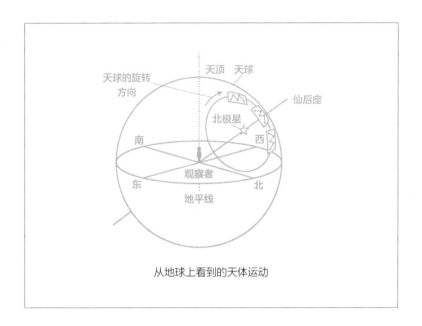

从地球上看到的天体运动

并创造出一个叫作角度的单位。一个圆周等于360度，一个直角就是90度。也有人认为，当一个圆被分解成6个等边三角形时，等边三角形的夹角为60度，对应着六十进制计数法。

天文学家通过观察天体在天球上的旋转运动总结规律，因此，天体的观测数据通常是用旋转角度来表示的。这意味着，尽管"长度"这个量可以用来测量地面上的物体，但只有"角度"才适用于测量遥不可及的天体。最早创立天文学这一理论的是古希腊天文学家喜帕恰斯。除了发现上述星座以外，他在天文学方面还取得了许多成就，包括将恒星的亮度分为6个等级（一等星最亮，六等星最暗）；通过地球的

## 天体位置的表示方法

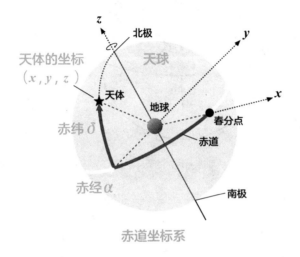

赤道坐标系

**赤纬：**$-90$度 $\leqslant \delta \leqslant 90$度

**赤经：**$0$小时 $\leqslant \alpha \leqslant 24$小时（以春分点为基准，24小时对应360度）

赤纬$\delta$、赤经$\alpha$、距离$r$的天体3次元坐标

$$x = r \cos \alpha \cos \delta$$
$$y = r \sin \alpha \cos \delta$$
$$z = r \sin \delta$$

岁差运动①发现春分点的移动；以及发现被称为"喜帕恰斯周期"的法则，并基于此将一个太阳年确定为365.24671天。

喜帕恰斯是一个天才学者，他在天球上引入了纬度和经度，并试图在天文学中使用三角学。为了实现这个目的，他首先建立了"平面三角学"的理论，并编写了精确的三角函数表。虽然他定义的三角函数与我们今天所知的略有不同，但本质上是相同的。而且，他编写的三角函数表包含了从7.5度到180度之间以7.5度为间隔的所有角度。

喜帕恰斯的成果被古罗马天文学家和数学家托勒密继承并发展壮大。扎勒密制作了一个更精密的三角函数表，将180度以内间隔为0.5度的所有角度的三角函数列了出来。这个表的精度相当高，即使与现在的结果相比，在小数点后四到五位的精度也几乎一致。这个表被托勒密收录在其著作《天文学大成》（*Almagest*，亦称《数学全书》）中。此外，托勒密还著有《地理学指南》（*Geography*）一书，并绘制了世界上第一张带有经纬线的地图。这两本书包含当时最先进的科学知识，分别系统性地将天文学和地理学与数学相结

---

① 岁差运动：地球自转轴围绕垂直于黄道面的直线以大约25800年的时间为周期进行的摇摆运动。地球的赤道面相对黄道面的倾斜角度约为23.4度，由于地球的赤道部分是膨胀的，来自月球和太阳的试图影响自转轴的偶力造成了这种岁差运动。

*Almagest*的三角函数表　　　　　　　　托勒密

合，并被作为天文学的教科书使用了几个世纪。有趣的是，尽管托勒密的天文学主张——以地球为宇宙中心的地心说是错误的，他所思考的数学却是非常严谨的。

大家今天在高中课堂中学习的三角函数主要是平面三角学，但是在2000多年前，球面三角学才是天文测量的主流方法。尽管在托勒密之后的很长一段时间里，球面三角学得到了很大的发展，三角函数却一直没有机会在平面三角学中被频繁地用于建筑和测量。

就这样，喜帕恰斯和托勒密等人创造出了一种能被用来准确描述天球上星星运动的语言——三角函数。如今人人都有智能手机，这是一台梦幻般的机器。手机里面搭载了GPS（全球定位系统），它能接收来自卫星的无线电波，并以惊人的精确度告诉你事物在地面所处的位置。如果没有三角函

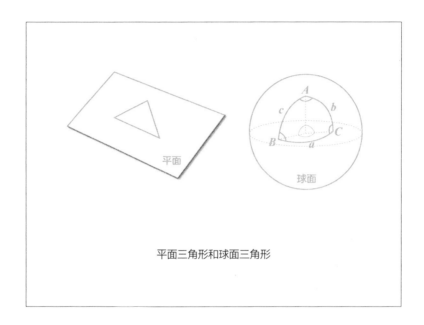

平面三角形和球面三角形

数，这些功能是不可能实现的。也正是因为人类这么一心一意地专注于球面三角学，我们的生活才离不开三角函数。只要我们生活在天地之间，这一点就永远不会改变。

### 约翰·纳皮尔与对数的诞生

总算是把背景故事介绍得差不多了，那么接下来就让我们讲一讲对数的发明者约翰·纳皮尔的故事。本章中我们谈到了天文计算的困难，这也正是纳皮尔不得不想出一种全新的计算方法的原因。在大航海时代，水手们需要通过星星的运动来了解他们当时在地球上所处的位置。天文学是航海中不可或缺的重要学科，它是由天文学家进行的天文计算（大数量级的计算）来提供理论支持的。与此同时，天文学家自身也苦于天文计算的困难。在这种情况下，多亏了一种被称为"对数"的划时代的计算方法的出现，天文计算的困难才得以克服。

1550年，纳皮尔出生在正处于宗教战争时期的苏格兰，当时正值欧洲列强争夺霸权的大航海时代的鼎盛时期。纳皮尔是爱丁堡曼彻斯通城堡的城主，除了公务之外，他还是一位工程师，发明了许多农业土木和军事方面的技术。纳皮尔痴迷于"计算"，发明了一种被称为"纳皮尔计算尺（纳皮尔筹）"的计算工具。球面三角学是支撑远洋航行所需的天文学（船舶定位）的数学基础。值得注意的是，纳皮尔发现了球面三角学的基本公式——纳皮尔公式，仅此一点就足以载入数学史册。然而，城堡主纳皮尔最重视的问题是如何克服球面三角学中出现的天文计算这个难题。当然，球面三角学中涉及的计算主要是三角函数的计算。其中出现的巨大数量级的计算给天文学家们带来了很大的困难。从这个角度来看，大航海时代的斗争也包含人类与计算的博弈。当时的天文学家无法找到有效的方法来克服他们所面临的天文计算的困难。

## 球面三角法

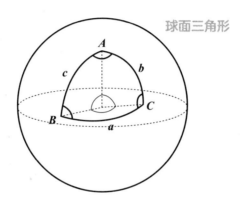

球面三角形

## 纳皮尔的公式

$$\tan \frac{A+B}{2} = \frac{\cos \frac{a-b}{2}}{\cos \frac{a+b}{2}} \cot \frac{C}{2}$$

$$\tan \frac{A-B}{2} = \frac{\sin \frac{a-b}{2}}{\sin \frac{a+b}{2}} \cot \frac{C}{2}$$

1594年，为了帮助天文学家们进行计算，44岁的纳皮尔下定决心要找到一种全新的计算方法。20年后的1614年，人类终于奇迹般地获得了"对数"！这一年，纳皮尔出版了拉丁文版《奇妙的对数定律说明书》（*Mirifici Logarithmorum Canonis Descriptio*），后来被翻译成了英文版 *Description of the Wonderful Canon of Logarithms*。"logarithms"（对数）这个词就是纳皮尔在这个时期创造的，他把logos（上帝的语言）和希腊语arithmos（数字）结合起来，形成了logarithms（数字是上帝的语言）一词。纳皮尔把这部著作称为"奇迹"，可能是因为他相信对数拥有拯救生命的力量。

### 对数与次数是同一个东西吗？

对数这个概念说起来其实很简单，为了节省篇幅，我们不妨以2的幂为例来解释一下。下面的表格展示了$2^n$和$n$之间的关系。利用这个数表，我们可以做出如下的乘法计算。

例如，为了得到乘法计算4×8的答案，我们可以先在这个数表的最上面一行找到4和8，读出每个数正下方的数字，然后把它们相加，即2＋3＝5。最后，在数表的第二行找出刚刚算得的数字，与之对应的上面一行的数字就是答

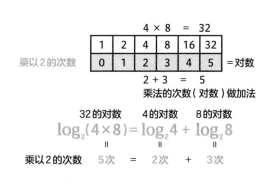

案。我们可以看到，5正上方的数字是32。像这样，用这种方法计算两个数字的乘积时，首先在数表中找出两个数字正下方的数字，然后计算它们的和，反过来再从数表中读出和的正上方的数字，即可得到答案。

又比如，在乘法计算 $8 = 2 \times 2 \times 2$ 这个例子中，数字8是通过对数字2做3次乘法计算得到的。这里的8和3分别位于数表的第一行和第二行。这个数表其实是对数表，据此可以理解为对数是次数，对数表是次数表。在等式 $8 = 2 \times 2 \times 2 = 2^3$ 中，2被称为"底数"，8被称为"真数"，3被称为"以2为底8的对数"。如果你事先做了一张这样的数表，那么你只需通过做加法计算和查看数表就能得到乘法计算的答案。

　　纳皮尔认为乘法是三角函数之间的乘法，他花了20年的时间研究出一个对数表。对数表中记载了以1分（角度单位）为间隔的所有角度的三角函数值的对数值，两者的数值均精确到了小数点后第7位。令人难以置信的是，纳皮尔是在那个既没有指数也没有小数点的如同数学荒野般的时代中，独自一人花了20年的时间创造出对数表的。后人对纳皮尔对数表中的数字进行精确度核验，发现直到小数点后第6位都是准确的。

　　指数和小数点俨然已经成为数学语言的基本要素，以至于没有这两者就几乎不可能谈论现代科学。顺便提一下，纳皮尔的对数所使用的底是一个奇怪的数字0.9999999。后来，这个数字背后的谜题被一位天才数学家欧拉解开了，欧拉从此开辟了一条被称为"微积分"的全新道路。

　　遗憾的是，纳皮尔的《奇妙的对数定律说明书》非常深奥，以至于当时的人们根本无法理解它。这不仅是因为当时还没有产生指数和小数点的概念，主要还是因为当时的人们很难理解底数的概念。由于我们目前使用的是十进制计数法，为了进一步简化计算，我们必须寻找以10为底的对数，

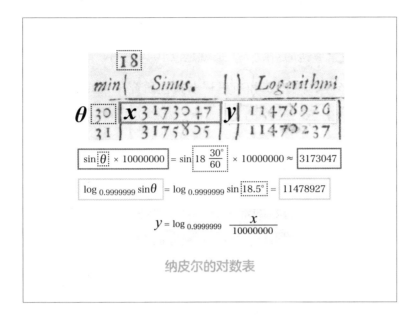

纳皮尔的对数表

也就是我们现在所说的"常用对数"。

当时只有一个人真正理解对数的概念,他就是英国数学家和天文学家亨利·布里格斯[①]。布里格斯一读到这本书便脱口而出:"就是这个!"他非常激动,立刻从伦敦赶到爱丁堡的曼彻斯通城堡去见纳皮尔。那是1615年,各种想法在布里格斯的脑海中闪过,比如"这么简单的一个想法,为什么我以前从来没有想到过","但是这个东西很难使用啊"。当

---

① 亨利·布里格斯(1561—1630年):英国数学家和天文学家。因从纳皮尔的对数中发明了常用对数而闻名于世。他是伦敦格雷沙姆学院的第一位几何学教授,后来成为牛津大学的天文学教授。

布里格斯找到纳皮尔并提出关于对数的问题时，纳皮尔甚至已经开始思考新的对数了，那就是以10为底的常用对数。

1616年，纳皮尔和布里格斯共同研究出现在的常用对数。布里格斯向纳皮尔承诺，他将制作出常用对数表，后来他花了7年时间实现了这个承诺。1624年，也就是在布里格斯64岁那年，他完成了从10000到20000，以及从90000到100000之间所有整数的常用对数表，并将这些对数值精确到小数点后第14位。然而，此时纳皮尔已经不在人世。纳皮尔和他的对数表逐渐被人们遗忘，而继承了纳皮尔遗志的布里格斯对数表则风靡全球。1628年，荷兰的安德里安·布莱克制作了从20000到90000的对数表，从而完成了整个对数表，后来者都能够从中受益。有人引用数学家拉普拉斯的话："对数的出现，让天文学家的寿命延长了一倍。"

2006年，在一连串的机缘巧合之下，我拿到了纳皮尔的《奇妙的对数定律说明书》原作！书名中的拉丁语"MIRIFICI"在英语中的意思是"Miracle"（奇迹），这也暗示了纳皮尔对数将继续在数学领域创造奇迹。毫不夸张地说，没有对数，就不可能有科学的发展。虽然纳皮尔对数已被人们遗忘，但是当我们回过头来看对数时，可以从中看到纳皮尔的伟大成就和他对数学的信念。

纳皮尔的《奇妙的对数定律说明书》原作

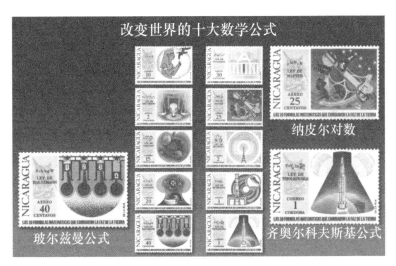

改变世界的十大数学公式纪念邮票（1971年在尼加拉瓜发行）

## 小数点的诞生

小数的概念起初是由与纳皮尔同时期的数学家西蒙·斯蒂文（1548—1620年）所构思的。1585年，斯蒂文在其著作《论十进》中首次提出了小数的概念。举例来说，根据斯蒂文的小数表示法，3.1415被表示为3⓪1①4②1③5的形式。然而，即使你能读懂这种形式的小数，在实际使用的时候仍然有很多不便。因此，斯蒂文的小数表示法并没有普及开来。

纳皮尔在他1614年发表的著作《奇妙的对数定律说明书》中介绍了什么是对数以及对数的使用方法，并提供了一个对数表。这些内容可能是纳皮尔认为的最重要的精华，但他并没有在书中解释他是如何计算和创造出对数表的，也没有透露关于对数表背后的故事。然而，纳皮尔对数表与另一种新的数学符号的诞生有关，其影响力甚至不亚于对数，它就是纳皮尔提出的小数点"."。纳皮尔于1617年去世，在2年后的1619年，纳皮尔的儿子罗伯特·纳皮尔揭晓了对数表背后的故事。这些内容被写进了《奇妙对数规则的结构》（*Mirifici Logarithmorum Canonis Constructio*）一书中。在这本书中你会发现小数点"."的存在，而且，书中详细地解释了为什么3.14等于$3\frac{14}{100}$。这与我们今天使用的小数点"."完全相同。

回想起来，人类其实早就开始用分数表示小于1的数字了。我们之前提到了约4000年前的古巴比伦数字泥板，上面刻着古巴比伦数字1、24、51和10。这些数字表示：

$$1+\frac{24}{60}+\frac{51}{60^2}+\frac{10}{60^3}=1.41421296\cdots$$

这也说明六十进制计数法曾被用来表示小于1的数字。直到15世纪，才出现了像$\frac{2}{3}$一样使用分数线来表示的分数。

为了更轻易地进行天文计算，比如三角函数的乘法计算等，纳皮尔想出的办法是，考虑0.9999999的幂的次数的计算，即对数的计算，而且只有当你完成了对数表的计算，这个方法才会真正发挥作用。如果你看一下前文中纳皮尔的对数表，就会发现里面所有的数字都是整数。例如，18度30分（min）的三角函数sin的值为0.3173047，乘以10000000，就是3173047；而在它右边的11478926的意思是说，0.3173047是0.9999999的11478926次幂。

由于最初纳皮尔的对数思想是在没有小数点的情况下建立的，要理解起来并不容易。纳皮尔可能认为，在当时没有小数点的情况下，向人们解释他的对数思想实在是一件困难的事情，因为甚至连对数的概念本身也是革命性的。人们不理解纳皮尔的对数思想是情有可原的。考虑到这种情况，纳皮尔决定在不涉及小数点的前提下出版他的对数和对数表。正如他预想的一样，《奇妙的对数定律说明书》并没有被当时的人们所理解。相反，由于纳皮尔原本的身份是一个城堡主而非学者，也给他招致了一些抨击。

纳皮尔的儿子罗伯特·纳皮尔试图通过出版《奇妙对数规则的结构》来为父亲挽回声誉。这不禁让我们想起了关孝和与他的弟子建部贤弘之间的师徒情谊。在关孝和因其出众的才能而招人嫉妒并且因为他的数学研究成果不为时人所理解而遭受暴风雨般的批评时，关孝和没有理会那些人，继续坚持走自己的数学道路。建部贤弘不忍老师遭受非议，站出来为老师正名。正是由于建部贤弘的支持，我们现在才能

在罗伯特·纳皮尔的著书《奇妙对数规则的结构》（1619年）中登场的小数点

够了解关孝和的伟大成就。同样，小数点不是像雨滴和雪花那样从天而降的，多亏了罗伯特·纳皮尔，我们人类才得到了小数点"."。在更高的天空中，从闪耀在天际的星星的光芒中，人类获得了三角函数。为了克服天文计算的困难，人类发明了对数。为了完成对数计算所需要的对数表，小数点"."又被发明了出来。

这个故事还有后续。纳皮尔的对数由于没有小数点而变得复杂且难以使用。在纳皮尔去世130年之后，大数学家欧拉破解了隐藏在纳皮尔对数背后那如同弹簧一般的机关。这是一种被称为"微积分"的极为强大的计算方法。在微积分计算背后起着关键作用的数字是欧拉的常数e，它等于2.718281828…。欧拉发现，纳皮尔对数中隐藏的像弹簧般的机关就是常数e。纳皮尔本人确实是在对常数e一无所知的情况下提出了对数的概念。正是由于纳皮尔对对数进行了深入研究，才促使欧拉发现了常数e，这是世界上最奇妙的故事之一，常数e的名字"纳皮尔数"就象征了这一点。这也解释了为什么常数e被称为"纳皮尔数"，尽管它不是由纳皮尔发现的。

对了，你见过针孔照相机吗？它是由一个盒子、胶片和小孔（针孔）组成的相机。尽管它的结构很简单，且无法调整对焦和光圈，但它仍然能够拍摄照片。虽然针孔很小，但针孔照相机告诉我们，它的作用远远超出我们的想象。小数点"."就像针孔照相机的针孔，透过这个"针孔"，天空中闪耀的星光在我们的心灵胶片上映照出来的，正是几千年来人类和数学交织而成的景色。

### 人生的转折点出现在几岁？通过对人生做积分得到的惊人结果

我们都有这样一种感觉，就是当你变成大人以后，会觉得1年的时间过得很快，甚至觉得长大后的1年比上小学时的1年更短。反过来我们也可以回忆一下，小时候是不是觉得1年的时间很漫长呢。从小学1年级到4年级之间的4年和从19岁到23岁之间的4年感觉并不一样长。青少年时期的4年是转瞬即逝的。随着岁月的流逝，我们会逐渐对"光阴似箭"这一说法产生切身的感受。法国哲学家保罗·雅内（1823—1899年）研究了人类对时间的这种看法。他得出的结论是，人类对当前时间的感知基于最近的一段时间与他至今为止所生活的时间的比值。也就是说，对于一个10岁的男孩来说，1年的时间就是他迄今为止所生活的10年中的1年，即$\frac{1}{10}$；而对于一个60岁的成年人来说，1年的时间是他所生

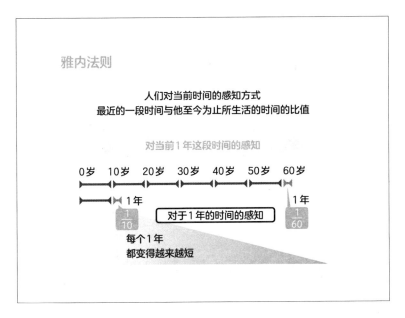

活的 60 年中的 1 年，即 $\dfrac{1}{60}$。这意味着，一个 60 岁的成年人对于 1 年的感知相当于他 10 岁时对于 1 年的感知的 $\dfrac{1}{6}$。

像这样，相对于钟表上记录的时间，我们将人类感知到的时间称为"感观时间"。对于一个 10 岁的人来说，迄今为止所生活的时钟年数总计为 1 年＋1 年＋1 年＋1 年＋1 年＋1 年＋1 年＋1 年＋1 年＋1 年＝10 年，而感观时间总计为 $\dfrac{1}{1}$ 年＋$\dfrac{1}{2}$ 年＋$\dfrac{1}{3}$ 年＋$\dfrac{1}{4}$ 年＋$\dfrac{1}{5}$ 年＋$\dfrac{1}{6}$ 年＋$\dfrac{1}{7}$ 年＋$\dfrac{1}{8}$ 年＋$\dfrac{1}{9}$ 年＋$\dfrac{1}{10}$ 年。这里，为了便于讨论，我们假设 1 岁时对于 1 年的感观时间正好是 1 年。基于这个模型，我们要思考如何计算到某一年龄为止的感观时间的总和。

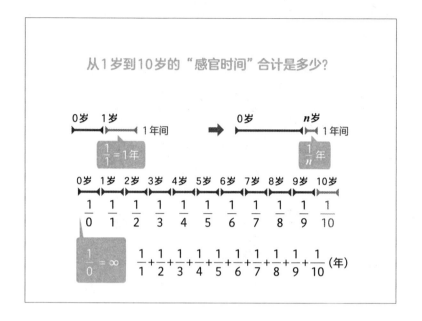

感观时间是以1年为间隔来考虑的，如果将时间间隔缩小到1个月、1天、1小时或1秒钟，我们可以更准确地计算出总的感观时间。最终，得到的结果是对被无限分割的片段做无限次的加法计算。当分割数较小的时候，锯齿感是非常明显的，但随着分割数的增加，锯齿感逐渐变得不那么明显。当分割数趋近于无限大时，锯齿将彻底消失，出现一条平滑的曲线。这条曲线可以用函数 $y = \dfrac{1}{x}$ 来表示。积分法是用来求曲线与坐标轴所包围的部分的面积的。因此，积分是对被无限分割的片段做无限次的加法计算，这确实是一种值得被称为"超级加法"的计算方法。

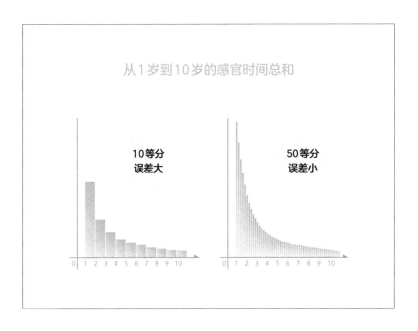

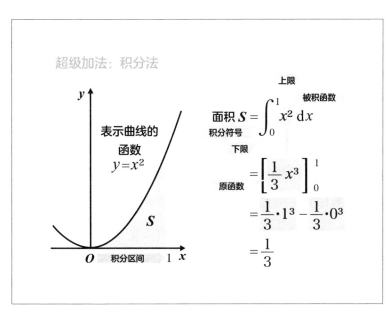

不定积分 $\displaystyle\int$ 函数 $\mathrm{d}x$ = 原函数

积分公式

$$\int x^n \mathrm{d}x = \begin{cases} \dfrac{1}{n+1}x^{n+1} \ (n \neq -1) \quad n=2 \Rightarrow \displaystyle\int x^2 \mathrm{d}x = \dfrac{1}{3}x^3 \\ \log_e x \qquad (n=-1) \quad n=-1 \Rightarrow \displaystyle\int x^{-1}\mathrm{d}x = \int \dfrac{1}{x}\mathrm{d}x \end{cases}$$

指数

$$\int \dfrac{1}{x}\mathrm{d}x = \log_e x$$

对数

纳皮尔数 e=2.718⋯

此时，感观时间的总和等于曲线 $y = \dfrac{1}{x}$ 与坐标轴所包围的部分的面积。这里需要关注的关键点是被积函数、积分区间的下限、上限，以及原函数。为了求出曲线 $y = \dfrac{1}{x}$ 所包围的面积，我们将使用一个积分公式。在这个例子里，被积函数是 $\dfrac{1}{x}$。被积函数的积分就是原函数，也被称为"不定积分"。由于 $\dfrac{1}{x}$ 被称为"双曲函数"，其原函数 $\log_e x$（自然对数）也被称为"双曲对数"。

那么，现在我们已经准备好了对人生做积分。我们要计算的是从 $a$ 岁到 $b$ 岁为止的人生感观时间的总和 $S$。设定积分的下限为 $a$，上限为 $b$，则 $S$ 的计算方法如下图所示。

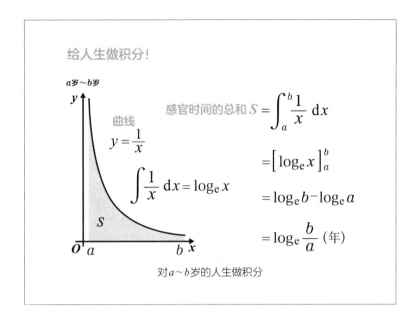

给人生做积分！

$a$岁~$b$岁

曲线
$y = \dfrac{1}{x}$

$\displaystyle\int \dfrac{1}{x}\,\mathrm{d}x = \log_e x$

$S$

感官时间的总和 $S = \displaystyle\int_a^b \dfrac{1}{x}\,\mathrm{d}x$

$\qquad = \Big[\log_e x\Big]_a^b$

$\qquad = \log_e b - \log_e a$

$\qquad = \log_e \dfrac{b}{a}$ （年）

对$a$~$b$岁的人生做积分

利用$S$的计算结果，我们最希望了解的就是人生过半的年龄$c$。设$S'$为从$a$岁到$c$岁为止的感观时间总和，$S'$可以用$a$、$c$和对数来表示。由于从$a$岁到$c$岁的感观时间总和$S'$是从$a$岁到$b$岁的感观时间总和$S$的一半，所以有如下关系式：

$$S' = \dfrac{1}{2} \times S$$

在上述关系式中将$S$和$S'$替换为使用$a$、$b$、$c$和对数的表达式，最后可以解出$c$。终于，结果出来了：从$a$岁到$b$岁的人生将在$\sqrt{a \times b}$岁达到一半。

从0岁到100岁的这一生将在（$0 + 100$）$\times \dfrac{1}{2} = 50$岁的

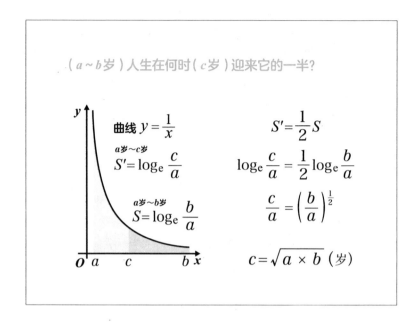

（$a \sim b$岁）人生在何时（$c$岁）迎来它的一半？

曲线 $y = \dfrac{1}{x}$

$a$岁~$c$岁
$S' = \log_e \dfrac{c}{a}$

$a$岁~$b$岁
$S = \log_e \dfrac{b}{a}$

$S' = \dfrac{1}{2} S$

$\log_e \dfrac{c}{a} = \dfrac{1}{2} \log_e \dfrac{b}{a}$

$\dfrac{c}{a} = \left( \dfrac{b}{a} \right)^{\frac{1}{2}}$

$c = \sqrt{a \times b}$（岁）

时候迎来它的一半，这被称为"算术平均数"，也是日常生活最常用的平均数。与之相对，两个数字的乘积的平方根，即 $\sqrt{a \times b}$，被称为"几何平均数"。这意味着，通过对人生做积分得到感观时间的总和，进而计算出迎来人生中点的年龄就是人生的"几何平均数"。

那么，接下来让我们试着将各种不同的年龄代入公式中的 $a$ 和 $b$，来计算出达到人生半途的年龄吧！首先，最初的 $a$（岁）不能用0来代替，因为当 $x$ 为0时，$\dfrac{1}{x}$ 会发散到 $\pm \infty$。对于从1岁到100岁的情况，迎来人生半途的年龄为 $\sqrt{1 \times 100} = 10$ 岁。这个结果简直太不可思议了。于是，我们假设起始年龄为4岁，也就是我们开始记事的年龄。对于从4岁到100岁的情况，迎来人生半途的年龄为$\sqrt{4\times100}=20$岁。如果把人的平均寿命代入$b$，我们得到的结果大约是19岁。你还记得你是从几岁开始记事的吗？你想活到多少岁呢？这两个数字分别对应着$a$和$b$。你可以将它们代入公式中，计算出自己人生转折点的年龄。

如果你仔细想想就会发现，世界上有一些职业，需要人们从记事起就努力训练直到成为专业人士。这些职业领域包括音乐、体育和传统艺术等，从事这些职业的人从小在师长那里接受指导，其训练程度是普通人无法想象的。

（$a\sim b$岁）迎来人生半途的公式

$$\sqrt{a\times b}\ 岁$$

| 小孩子开始记事的年龄 | | 迎来人生半途的年龄 |
| --- | --- | --- |
| 1～100岁 | ⇒ | $\sqrt{1\times100}=10$岁 |
| 4～80.50岁 | ⇒ | $\sqrt{4\times80.50}=17.9$岁 |
| 4～86.83岁 | ⇒ | $\sqrt{4\times86.83}=18.6$岁 |
| 4～100岁 | ⇒ | $\sqrt{4\times100}=20$岁 |

到了10岁左右，他们已经成为职业选手或者达到相当于职业选手的水平；到了20岁以上时，他们已经是活跃在自己领域的专业人士了。在古代，男孩子在20岁时就会举行冠礼，从此被视为成年人。这些事实似乎都与我们算出来的迎来人生半途的年龄相符。那些认为自己即将开启新生活的大学生，其实刚好错过了人生的转折点，等到大学毕业后才开始寻找自我之旅已经为时过晚了。如果你在人生最初的20年里一直处于迷茫的状态，那你已经失去了无法挽回的宝贵时间。

那么，你还能做些什么来补救呢？解决这个问题的钥匙藏在雅内法则之中。首先，我们刚刚用到的模型基于这样一个前提：生命中的每一个瞬间都能持续地与到那一刻为止的人生进行比较。我们知道，当我们全身心地投入某件事情时，会忘记时间的流逝。是的，有些时候，我们只感觉到那一瞬间，甚至连那一瞬间都忘记了。如果在你生命中的很多瞬间都无法与到那一刻为止的人生进行比较，那么这个计算的结果就不成立了。

所以，我们前面提到的钥匙就是"不去比较"。不要将自己与他人，甚至与自己的过去相比，换句话说就是"活在当下"。

约翰·纳皮尔提出的对数不仅是推动数学进步的重要武器，还影响了人类文明的发展。当然，它也是教会我们认识自己人生转折点出现时间的工具。

# 第五章

# 数学家们不为人知的故事

虽然人们耳熟能详的数学家大部分是男性，但数学家并不全是男性。那么，在这一章就让我们一起来了解一些女数学家和她们的故事吧。

### 弗洛伦斯·南丁格尔：既是白衣天使，也是统计学家

世人都知道弗洛伦斯·南丁格尔（1820—1910年）被称为"白衣天使"。然而，鲜为人知的是，南丁格尔还拥有另一个身份——统计学家。接下来让我们一起揭晓南丁格尔的真实形象。

南丁格尔出身于英国贵族家庭，在她17岁的时候，她跟随父母前往欧洲大陆进行了一次难忘的家族旅行。在这次盛大的旅行中，南丁格尔在意大利欣赏了歌剧和钢琴，在巴黎进行了大量的社交活动。值得一提的是，父母对南丁格尔的教育倾注了大量心血。南丁格尔的父亲威廉亲自教她希腊语、拉丁语、德语、法语、意大利语、历史、哲学以及数学。其中，南丁格尔最喜欢的科目就是数学。看到女儿一有时间就坐在书桌前埋头学习数学的样子，母亲甚至想让她放弃学习数学。比起华丽的聚会，南丁格尔更喜欢严密的逻辑

推理。此外，南丁格尔致力于慈善事业，她关心爱护贫穷困苦的人们。她在回忆录中写下了这样的话：

当我想到别人的痛苦时，眼前就会出现一片黑暗，而且它一天到晚缠绕着我，从未离开。……我再也无法思考其他事情了。诗人们所歌颂的世间荣光，在我看来都是虚假的。我看到每个人都被不安、贫穷和疾病所包围。

因此，在南丁格尔24岁时，她决定从事护理贫困病人的工作。当时她可能做梦也没有想到护理工作会与数学联系起来。1854年，英国和法国向俄国宣战，克里米亚战争爆发。当前线有大量伤员的消息传来时，南丁格尔带领着一个由38名护士组成的医疗团队跟随军队前往战场。在全身心地照顾众多伤兵的同时，南丁格尔发现伤亡人数不断增加竟是因为护理人员对伤员的处理太过草率。由于政府和军队都没有意识到这一点，所以没有及时提供足够的前线护理和急救服务。

南丁格尔查明医院的卫生管理不当是造成英国士兵死亡的重要原因，她想尽一切办法，希望能让国会议员们意识到

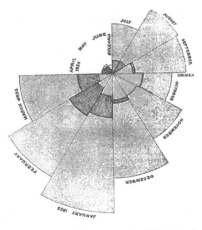

将死亡原因分类的可视化图表"蝙蝠之翼"

这个问题。就在此时，南丁格尔所学的数学知识发挥了关键作用。南丁格尔设计了一种被称为"蝙蝠之翼"的彩色图表。多亏了这种图表，国会议员们才意识到改善前线士兵生活条件的必要性，陆军医院的卫生条件也因此得到了改善。事实证明，改善医院卫生管理条件后，负伤士兵的死亡率果然大幅下降。

南丁格尔之所以能够创造出这么巧妙的图表，还得归功于她在学生时代对数学的痴迷。南丁格尔从小就受到了比利时统计学家阿道夫·凯特勒（1796—1874年）的强烈影响。凯特勒提出了将概率论应用于社会现象的"社会物理学"，被誉为"近代统计学之父"。南丁格尔在与凯特勒交流的过程中，获得了能够将数学灵活应用到社会中的能力。1860年，南丁格尔和凯特勒合作，促使卫生统计的统一标准在第四届国际统计会议上通过。

以数学为友的南丁格尔利用自己的数学才能，竭尽所能地拯救人们的生命。南丁格尔不仅被誉为"近代护理学之母",她还是医疗统计学的先驱。她所设计的计算死亡率和平均住院时间的方法,至今仍被用于医学统计中。

## 阿达·洛芙莱斯:世界上第一位计算机程序员

有没有人未卜先知,能够预见移动通信设备和耳机会成为现代人听音乐的标配?令人震惊的是,真的有人在200年前就预见到了,这个人就是被称为"世界上第一位计算机程序员"的阿达·洛芙莱斯。阿达·洛芙莱斯出生于1815年12月10日,是英国贵族和著名诗人乔治·拜伦的女儿。诗人拜伦对于洛芙莱斯不是男孩的这个事实感到失望,于是他抛弃家庭去了希腊。洛芙莱斯的母亲安妮·贝拉受过很好的教育,曾跟随社会革命家威廉·弗兰德(1757—1841年)学习过一段时间。母亲为洛芙莱斯请了多位家庭教师,让她从小就接受数学和科学教育。这些家庭教师的阵容非常豪华,其中包括内科医生威廉·金(1786—1865年),天文学家、数学家、皇家天文学会第一位女性成员玛丽·索麦维(1780—1872年),以及发现德·摩根定律的数学家德·摩根[①](1806—1871年)。

---

① 德·摩根(1806—1871年):出生于印度的英国数学家。他曾尝试将逻辑学代数化,并研究过符号逻辑学。因其在概率论方面的贡献和致力于数学教育的改革而被人熟知。

洛芙莱斯是一个拥有非凡智慧的女孩，她的数学天赋得到了家庭教师们的认可和鼓励。

1833年，18岁的洛芙莱斯迎来了一次命运般的邂逅，她被邀请前去观看数学家查尔斯·巴贝奇（1791—1871年）在剑桥大学举办的"差分机"（Difference Engine）操作演示。就在前一年的1832年，41岁的巴贝奇发表了一篇题为《机器在天文和数学表计算中的应用》（*Note on the Application of Machinery to the Computation of Astronomical and Mathematical Tables*）的论文。这里的"machinery"指的就是差分机。

巴贝奇将齿轮式自动计算器命名为"差分机"，因为它能通过差分完成编写数学函数表所需要的多项式运算。当巴贝奇看着满是计算错误的对数表时，喃喃自语道："对呀，我们把编写数学函数表所需要的计算都交给机器吧！"洛芙莱斯对这台机器产生了浓厚的兴趣，不久，她就成为巴贝奇的学生兼秘书。当时，巴贝奇刚刚开始开发一台拥有更高性能的机器——分析机（Analytical Engine）。

2012年12月10日谷歌搜索的首页

这台新机器简直像一个怪物，它有一个独立的结构用于数字存储和计算，有打孔卡用于编程和数据输入，有打印功能，甚至还有一个蒸汽机作为动力源。巴贝奇因为发明了差分机和分析机而被称为"计算机之父"。巴贝奇曾委托洛芙莱斯翻译一篇关于分析机的法文文章，洛芙莱斯不仅翻译了文章，还在其中加入了一些自己对分析机的解释和想法。最终，这篇文章的篇幅比翻译之前增加了足足一倍，洛芙莱斯在文章中说："就像织有花朵和叶子图案的提花织品一样，分析机将代数的模式编织出来。"

世界上第一个程序代码就被写在这篇文章中。洛芙莱斯在阅读了巴贝奇关于计算伯努利数的程序后，理解了其中的工作原理，并自创了一个新的计算伯努利数的代码。洛芙莱斯还设计了一套基本指令群——子程序、循环、跳转等，将它们用于指定分析机所要进行的计算。这标志着世界上第一个计算机程序员的诞生。遗憾的是，洛芙莱斯被诊断出患有子宫癌，她于1852年去世，年仅36岁。

一个世纪后，数学家阿兰·图灵（1912—1954年）再次向洛芙莱斯致敬。他在1950年发表的一篇论文中总结到，巴贝奇和洛芙莱斯的成就对计算机科学的发展具有非常重大的意义。1983年，美国国防部开发了Ada编程语言。从那以后，人们每年都会举行"阿达·洛芙莱斯日"（Ada Lovelace

Day），以纪念洛芙莱斯的荣誉并鼓励支持新一代女性从事STEM领域的工作。

除了数字以外，只要是能被抽象的操作或表达式所代替的事物应该都可以用分析机来处理。比如说，和声与音阶的对应关系。如果这些东西能被转换成抽象的操作或表达式的话，那么分析机就可以创作出不同复杂程度的，精巧且科学的音乐。

——阿达·洛芙莱斯

## 桂田芳枝：不断追逐梦想的日本首位女性理学博士

1911年，桂田芳枝出生在北海道余市郡赤井川村，在余市町长大。她从小就很喜欢数学，1924年进入小樽女子高中后，对数学的热爱更加强烈。当时芳枝的姐姐静枝在她上学的高中工作，每当芳枝看到姐姐给同学们上课的样子，她就在心中暗暗地想，长大后也要成为像姐姐一样坚定走自己喜欢的道路的女性。

1929年，18岁的芳枝开始跟随父母学习持家的本领，然而，她并没有放弃成为数学家的梦想。姐姐静枝看出了她的心思，鼓励她去大学做旁听生（无法正式入学并取得学位，只能修读某些特定的科目）。

1931年，芳枝成为东京物理学校（现在的东京理科大学）的旁听生。芳枝的姐姐，还有她们担任小学校长的父亲，都理解并支持芳枝去追寻梦想。也正是在这个时候，北海道大学成立了理学院。22岁的芳枝梦想着能进入北海道大学读书。遗憾的是，她并没有通过入学考试，未能如愿进入北海道大学。姐姐静枝为她在北海道大学的数学系找到了一份行政助理的工作，在经历了2年与数学无关的行政工作后，芳枝终于考入东京女子大学数学系。在校期间，芳枝通过了教师资格考试，并被北海道大学录取，被聘为北海道大学理学院几何系助教。此后，29岁的芳枝与一群十几岁的年轻学生一起继续学习数学，并以优异的成绩毕业。

在日本战败后的一片混乱之中，芳枝继续朝着获得学位的目标奋力前进。1950年，她发表了博士学位论文《关于高次空间的非完整约束系统的外张量操作》（*On the Operations of Extensors Referred to a Nonholonomic System in a Space of Higher Order*），成为日本首位获得数学专业理学博士学位的女性。当时的芳枝已经39岁了，她的父亲和三个兄弟已经去世，母亲在得知女儿获得学位的消息后喜极而泣。

同年（1950年），芳枝被任命为北海道大学数学系副教授，终于开启了她梦寐以求的数学生涯。然而，她此时的工作单位——北海道大学数学系面临着只有一位教授的困难局面。芳枝在致力于科研的同时，也在尽心培养学生。她一个人负责好几门课程，并且一直以极大的热情为学生们讲授课程。她的许多学生在离开学校后都成为研究人员和教育工作者。在芳枝的努力下，数学系终于重新焕发了活力，甚至举办了研究性会议，邀请世界各地的数学家前来参会。

芳枝在成为副教授后的6年时间，共发表了18篇论文。这些成果广受好评。1956年，芳枝被邀请到罗马大学的国家数学研究所工作。半年后，她又去了瑞士联邦理工学院，在那里结识了数学家霍普夫（1894—1971年）并开始了合作研究。霍普夫是微分几何学专家，以提出霍普夫代数、霍普夫流形、庞加莱·霍普夫定理和霍普夫不变量而闻名于世。

二人合作的研究内容在当时是最前沿的。1957年至1958年，在与专家进行了长达一年的讨论后，芳枝得出"霍普夫关于闭曲面全局性质的扩展问题与黎曼空间的联合定理"。

1958年，这一成果成功在爱丁堡举行的国际数学家大会

**定理 2.1**

设 $S$，$S'$ 为 3 次可微的可定向封闭超曲面，且曲面上任意一点 $n_1$ 满足 $\overline{n_1} \neq 0$，则

$$\overline{H} = \widetilde{H} \quad \Rightarrow \quad S \equiv \overline{S} \ (\mathrm{mod}\,G).$$

霍普夫关于闭曲面全局性质的扩展问题
与黎曼空间的联合定理

上发表。那是芳枝的数学家梦想开花结果的时刻，芳枝用下面一段话来描述这一时刻：

　　我在那一刻的喜悦和兴奋之情无法用言语来形容。那些我与老师们进行令人热血沸腾的讨论的日子，以及纯粹埋头于学问和研究的生活给予我的充实感，既痛苦，又非常美好！

　　正是数学的魅力，促使芳枝克服了挡在她面前的所有障碍和困难。

索菲娅·柯瓦列夫斯卡娅：俄国第一位女性大学教授，将41年的生命献给了数学

1850年1月15日，索菲娅·柯瓦列夫斯卡娅（1850—1891年）出生于莫斯科。她的父亲是一名军官，母亲是俄国贵族，母亲的祖父是一位数学家和天文学家，对幼时的索菲娅影响最深的是她的叔叔克鲁科夫斯基。曾经做过炮兵军官的叔叔对数学很感兴趣，他教给了索菲娅许多有关数学的知识，例如，求面积与圆相同的正方形的问题、无穷大和渐近线等。

索菲娅的家庭教师马莱维茨也发现了她的数学天赋，于是送给她一本高等数学教科书，以支持她对数学的热爱。在索菲娅14岁的时候，住在她家附近海军学院的一位教授送给她一本物理学教科书作为生日礼物。接触了这么多未知的内容后，索菲娅凭着从小养成的顽强精神，独立地思考出了三角法的概念。后来，索菲娅的父亲把这件事告诉了一位教授，这位教授说："必须要认真地教索菲娅学习数学，因为她就是新的帕斯卡！"于是，这位教授为索菲

索菲娅·柯瓦列夫斯卡娅

　　娅找到了一位新的数学老师。

　　在那之后，索菲娅研究了偏微分方程和阿贝尔积分，她被柏林大学的魏尔斯特拉斯（1815—1897年）收为弟子，魏尔斯特拉斯的家人也像对待女儿一样关爱她。从1871年开始，她在那里度过了4年充实的研究生活。在这一时期，她取得了丰硕的研究成果，包括偏微分方程的解的存在定理，即柯西–柯瓦列夫斯卡娅定理，以及将阿贝尔积分转换为椭圆积分的方法。然而，柏林大学以她是女性为由，拒绝她参加课程训练。魏尔斯特拉斯看出了索菲娅出众的才能，于是决定作为家庭教师亲自指导她。1874年，她被哥廷根大学授

**柯西–柯瓦列夫斯卡娅定理**

初值问题（柯西问题）

多变量偏微分方程
$$\partial_t^k u = F\left(x,\, t,\, \partial_t^j \partial_x^i u\right) \qquad (j<k \text{ and } |i|+j\leqslant k)$$

初值条件
$$\partial_t^j u(x,0) = f_j(x),\ 0\leqslant j<k$$

多变量偏微分方程的初值问题
存在唯一的解析解

柯西–柯瓦列夫斯卡娅定理

奥古斯丁·路易斯·柯西[①]

予数学学位，1889年，她发表了论文《关于刚体绕定点的旋转运动》，这就是著名的柯瓦列夫斯卡娅陀螺的发现。

1888年，法国科学院组织了一场以"一个点被固定的刚体的旋转运动"为主题的数学竞赛。刚体（陀螺）的旋转运动是由被称为"欧拉方程"的联立微分方程所描述的，虽然关于欧拉陀螺和拉格朗日陀螺的欧拉方程都是精确可解的，但法国科学院一直疑惑，是否还存在其他精确可解的情况。索菲娅发现，欧拉陀螺和拉格朗日陀螺的解是关于时间t的单值函数，当t取复数时除了极点之外没有其他奇点。以此为切入点，索菲娅发现了一个新的陀螺，它被称为"柯瓦列夫斯卡娅陀螺"，设围绕陀螺的主轴$x$、$y$、$z$的惯性矩分别为$A$、$B$、$C$，则$A=B=2C$，并且重心位于包含$x$轴和$y$轴的平面内。索菲娅推导出了用超椭圆函数表

---

① 奥古斯丁·路易斯·柯西（1789—1857年）：法国数学家。确立了函数的连续性、级数的收敛等概念，还创立了复变函数的理论，证明了常微分方程和偏微分方程的解的存在定理。导函数就是以他的名字来命名的。

## 描述刚体（陀螺）旋转运动的欧拉方程

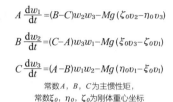

$$A\frac{\mathrm{d}w_1}{\mathrm{d}t}=(B-C)w_2w_3-Mg(\zeta_0\upsilon_2-\eta_0\upsilon_3)$$

$$B\frac{\mathrm{d}w_2}{\mathrm{d}t}=(C-A)w_3w_1-Mg(\xi_0\upsilon_3-\zeta_0\upsilon_1)$$

$$C\frac{\mathrm{d}w_3}{\mathrm{d}t}=(A-B)w_1w_2-Mg(\eta_0\upsilon_1-\xi_0\upsilon_1)$$

欧拉陀螺
$\xi_0=\eta_0=\zeta_0=0$

常数$A$，$B$，$C$为主惯性矩，
常数$\xi_0$，$\eta_0$，$\zeta_0$为刚体重心坐标

拉格朗日陀螺
$A=B$，$\xi_0=\eta_0=0$

1888年，法国科学院举行了数学竞赛：
除了以上两种情况以外，还有其他情况使得欧拉方程存在精确解吗？

↓

柯瓦列夫斯卡娅陀螺
$A=B=2C$，$\eta_0=\zeta_0=0$

示的解。为了褒奖索菲娅的伟大成就，法国科学院将最初的奖金增加了一倍。

作为一名女性，索菲娅成长的路上充满了艰辛。在她18岁那年，征得一名年轻的古生物和地质专业的大学生柯瓦列夫斯基的同意，她以假结婚的方式从父母的监护下解脱出来，然后她去了德国的海德堡大学，但学校拒绝她入学。也正是在那里，她遇到了魏尔斯特拉斯。经过魏尔斯特拉斯4年的指导，她取得了成绩和学位，却没能在大学里找到一份工作。

后来，外貌出众的索菲娅在社交场亮相，她与"假丈夫"柯瓦列夫斯基成为真正的夫妻，并于1878年生下了一个女儿。虽然索菲娅在获得学位后中断了6年的数学研究，但她在1881年又恢复了研究工作。然而，在1883年，她的丈夫柯瓦列夫斯基在一次生意失败后自杀了。受到严重打击的索菲娅，生活一片混乱。就算是在这样的情况下，她还是坚强地站了起来，重新投入研究中，并发表了论文《论光在晶体中的折射》。

1884年，她被任命为瑞典斯德哥尔摩大学的教授，成为俄国第一位担任大学教授的女性。1888年，她完成了关于陀螺旋转运动的研究。1889年，索菲娅获得了瑞典科学院的奖金，并在切比雪夫等人的推荐下，当选为俄国科学院院士。在放弃了俄国的工作后，索菲娅决定把斯德哥尔摩作为最终的归宿，并以全新的热情投入数学工作中。不幸的是，1891年1月29日，索菲娅因肺炎去世，年仅41岁。

在为人类认识自然规律开辟道路的所有学科中，最强大和最伟大的就是数学。

——索菲娅·柯瓦列夫斯卡娅

## 艾米丽·杜·夏特莱：将《自然哲学的数学原理》翻译成法文的天才女性科学家先驱

1759年，牛顿的《自然哲学的数学原理》的法译本在法国出版。即使在200多年后的今天，法国人仍在阅读这本书，这本书的译者便是艾米丽·杜·夏特莱（1706—1749年）。艾米丽出生于1706年，父亲在路易十四

艾米丽·杜·夏特莱

的皇家宫廷中工作，母亲则在神职人员家中长大。父母为她提供的教育对她后来的发展产生了很大的影响。艾米丽熟练掌握了拉丁语、意大利语、希腊语和德语，并学习了维吉留斯、塔索和弥尔顿的诗，她还接受了数学、骑马、舞蹈、大键琴和歌剧的课程训练。

在艾米丽出生的18世纪初，法国女性几乎没有接受教育的机会，甚至可以说当时女性是不被允许接受教育的。尽管在这么困难的大环境下，艾米丽仍努力过着忠实于自己理想的生活，并实现了自己的愿望。

1725年，19岁的艾米丽与夏特莱侯爵结婚，成为夏特莱侯爵夫人。在生下3个孩子之后，她向夏特莱侯爵提出分居，

并得到了批准。24岁时，艾米丽与第三代黎塞留公爵相遇，对文学和哲学有浓厚兴趣的黎塞留公爵鼓励对牛顿理论情有独钟的艾米丽学习高等数学。后来，因发现最小作用量原理而被人熟知的法国数学家和天文学家莫佩尔蒂成为艾米丽的家庭教师。

1733年，27岁的艾米丽迎来了一次重要的邂逅。她与著名的哲学家、文学家和历史学家伏尔泰成为挚友，二人远离了巴黎和宫廷生活的喧嚣，生活在布莱斯湖畔的希莱城堡。本质上都很理性的二人为学术上的好奇心所驱使，在工作中互相帮助，花费了大量的精力去了解莱布尼茨和牛顿的学问。

1738年，法国科学院组织了有奖征文竞赛，艾米丽和伏尔泰各自提交了关于同一主题的论文。艾米丽在每天只睡1个小时的情况下持续进行研究，并完成了她的论文《关于自然和火的传播》。虽然最终他们的论文都没有获奖，但法国科学院高度赞扬了他们论文的原创性。顺便提一下，数学家欧拉是当时的获奖者之一。

1740年，艾米丽为她13岁的儿子写了《物理学的基础》一书。因为当时所使用的物理学教科书已经有80年的历史了，艾米丽认为有必要编写一本新的教科书，于是她总结了笛卡尔、惠更斯和开普勒等人的物理学，还概括了莱布尼茨的形而上学原理等思想成果。令人惊讶的是，艾米丽甚至可以理解能量这种新的概念，并揭示出物体的能量与它的质量和速度的平方成正比。

时间回溯到1687年，当时牛顿的《自然哲学的数学原理》一书刚刚在英国出版。然而，没有人试图普及这本书，因为即使是和牛顿同时代的数学家也认为这本书非常难理解。伏尔泰和莫泊桑访问英国后，见识到了牛顿主义的影响力。伏尔泰鼓励艾米丽将拉丁文版的《自然哲学的数学原理》翻译成法文。在与伏尔泰相处的15年里，艾米丽将她所有的精力都倾注到理解和翻译牛顿理论上。艾米丽就像工作狂一样，每天绝大部分时间都在书桌前度过。

1749年，艾米丽终于完成了《自然哲学的数学原理》的完整法译本，并附有对数学的注释和解说。这本法译本在10年后得以出版，伏尔泰撰写的序言引起了许多读者的共鸣。序言中有这么一段话："两个奇迹被创造了出来，一个奇迹是牛顿写出了这本著作，另一个奇迹则是一位女性独自翻译并阐释了它。"

就在完成翻译工作的1年前，艾米丽与诗人兰伯特侯爵相恋，并怀上了他的孩子。完成翻译工作后，43岁的艾米丽生下了一个女孩。1749年9月10日，艾米丽因产后过度肥胖导致的肺栓塞而不幸去世。艾米丽生活在充满爱的环境中，而她一直以来爱着的就是数学。

对学问的热爱，会给人带来幸福。而且相比于男性，这份热爱回馈给女性的幸福要更多。对女性而言，除了学习以外，没有其他任何的东西能带来源源不断的快乐。学习就是避免不幸的最可靠的方法。

——艾米丽·杜·夏特莱

玛丽亚·加埃塔纳·阿涅西：在18世纪写下了第一本完整的微积分教科书

在数学上的学识，于她，于意大利都是世纪的荣光！

玛丽亚·加埃塔纳·阿涅西

在米兰的皮奥疗养院正对面的纪念石碑上，刻有上面这句铭文。米兰师范学校还设有一个以她的名字命名的奖学金，她就是玛丽亚·加埃塔纳·阿涅西。玛丽亚于1718年5月16日出生在米兰，她的父亲是博洛尼亚大学的一名数学教授，父母为她的教育花费了很大的心思。玛丽亚在5岁时掌握了法语，9岁时掌握了拉丁语、希腊语和希伯来语。青少年时期的玛丽亚为她的20个弟弟担任家庭教师。在这段时间里，玛丽亚在数学方面的造诣越来越高。她接连掌握了牛顿、莱布尼茨、费马、笛卡尔、欧拉和伯努利等人的数学知识。

这说明当时的意大利女性在学术上拥有自由发展的权利。然而，在欧洲大陆的其他地方，即使在14世纪至16世纪的文艺复兴之后，女性依然没有追求学术的自由。在法国和德国，人们掀起了反对女权的运动，而在16世纪的英国，亨利八世废除了修道院制度，伊丽莎白一世也没有为女性的教育做任何有益的事情。意大利的情况则比上述国家好得多。有的女性获得了博士学位，有的女性甚至成为博洛尼亚大学和帕多瓦大学的教授。其中，玛丽亚被认为有史以来最杰出的女性学者之一。

在青少年时期，除了研究数学和辅导弟弟们以外，玛丽亚还处于另一个特殊的环境。玛丽亚家里是当时的知识分子聚集地，父亲经常在家里举办沙龙，被父亲皮埃特罗选中的人，都会聚集在他的书房里进行学习交流。而玛丽亚，这个全家引以为傲的女儿，也经常参加沙龙。据说在一次聚会上，来自欧洲各地的30个人坐成一圈，轮流向玛丽亚提问。下面的回忆录是其中一个参与者记录的。

> ……她（玛丽亚）对所有的问题都回答得特别精彩，尽管她和我们一样，并没有事先准备好谈论这些问题。她对艾萨克·牛顿爵士的思想深信不疑。令人惊讶的是，在她这个年龄段，竟然能够如此深刻地讨论这些高难度的问题，真是了不起！我对她知识的广度和深度感到惊讶，但更惊讶的是她居然能把拉丁语说得如此纯正、轻松和准确。

就这样，玛丽亚的青少年时代是在一边研究数学和参加沙龙，一边照顾弟弟们和忙于家务中度过的。玛丽亚一生没有结婚。

1738年，20岁的玛丽亚出版了《哲学命题》（*Propositiones Philosophicae*）一书，这是一本融合了自然科学和哲学的论文集。大约在同一时期，玛丽亚对微积分研究燃起了斗志，她想要写一本关于微积分的教科书。她夜以继日地攻克难题，花费了10年时间，终于完成了这项工作。

1748年，30岁的玛丽亚完成了《分析学》（*Analytical*

*Institutions*，也被称为《适用于意大利青年学生的分析法规》）一书。这本书最初是出于玛丽亚自己的研究兴趣，同时是作为弟弟们的教科书而编写的，后来经过扩充，成为一部论证严密的四开本论文集被出版，洋洋洒洒，有上下两卷之多！在得知这样的一本书成为弟弟们的教科书之后，当时的学术界都为之震惊。因为自早期洛必达的微积分教科书面世以来，这本书是第一本综合性的分析学教科书，其中关于有限和无限分析学的完整性叙述为其蒙上了一层神圣的面纱，不禁让读者对这本书产生了敬畏之心。

在没有微积分教科书的时代，包括牛顿的流数法（fluxion）和莱布尼茨的微分法等分析学研究散布于许多图书中。玛丽亚将这些散落在外国图书中的内容整理成书，这就是《分析学》的巨大价值所在。

《分析学》的第一部分涉及有限量的分析，讨论了包括圆锥曲线等轨迹的作图、曲线的极大值和极小值、切线和曲率等基本问题。第二部分讨论了无穷小分析，即微分法。第三部分讲到了积分法，讨论了函数的幂级数展开。

除了上面提到的内容以外，《分析学》中还有一个大放异彩的研究课题，即"阿涅西曲线"（或箕舌线），其曲线方程为 $(x^2+c^2)y-c^3=0$。早在17世纪，费马就开始研究这条曲线，意大利语称这条曲线为"versiera"，它源于拉丁语中的"vertere"，意思是"转弯"。这个词也是意大利语"avversiera"（恶魔的妻子）的缩写。当这个单词被翻译成英语时，它被误译为"女巫"，因此"阿涅西曲线"也被称为"阿涅西的女巫"。

《分析学》后来也被翻译成法文和英文，并作为教科书被广泛使用。在意大利，玛丽亚被选为博洛尼亚科学院院士，并被任命为博洛尼亚大学的名誉教授。

从44岁开始，玛丽亚就投身于帮助穷人的慈善事业中。1799年1月9日，玛丽亚去世，享年81岁。在玛丽亚去世100周年的纪念碑上刻着的就是本节开头所提到的铭文。

## 凯瑟琳·约翰逊：为阿波罗宇宙飞船登陆月球表面作出巨大贡献的NASA数学家

今天，让我们庆祝她101年的生命，并纪念她打破了种族和社会的偏见，为我们留下了卓越的遗产。

2020年2月24日，美国国家航空航天局（NASA）在推特上沉痛悼念了一位女性数学家的去世。为什么NASA会如此重视她呢？因为如果没有她的话，阿波罗宇宙飞船根本不可能顺利地登陆月球表面。

凯瑟琳·约翰逊

1918年8月26日，凯瑟琳·约翰逊（1918—2020年）出生在西弗吉尼亚州的白硫磺泉镇，她是茱伊列特和约书亚·科尔曼的四个孩子中最小的一个。生为黑人的凯瑟琳在她的人生中克服了一系列困难，在这个过程中支撑她的正是自己那非凡的数学实力。从凯瑟琳很小的时候开始，她就表现出了卓越的计算能力。然而，在凯瑟琳居住的地方，黑人是不被允许进入公立学校上学的。好在凯瑟琳的父母终于找到了一所允许她上学的中学，她跳了三个年级，14岁时就从高中毕业，进入了西弗吉尼亚州立大学。

在大学期间，凯瑟琳凭借出色的数学能力得到了许多优秀导师的帮助。这些导师包括化学家和数学家安吉·特纳·金，以及历史上第三个获得数学博士学位的非裔美国人威廉·希弗林·克莱托。其中，克莱托在大学里专门为凯瑟琳增加了一门新的数学课程。凯瑟琳在18岁时就获得了数学和法语的学位。

凯瑟琳从小就一直梦想着成为一名探索数字世界的数

学家，然而，那时并没有女性数学家的职位。后来，虽然凯瑟琳成为一名小学数学教师，但她没有放弃自己的梦想。1953年，凯瑟琳终于迎来了实现梦想的机会，她在NACA（美国国家航空咨询委员会）获得了一份工作。一开始，凯瑟琳的工作是一个"计算者"（指做计算的人），她没有被组织中存在的歧视——针对黑人和女性——所吓倒，她的事业得到稳步发展。

1957年，苏联成功发射了世界上第一颗人造卫星，史称"斯普特尼克冲击"，从此拉开了美苏太空竞赛的序幕。1958年，NACA更名为"NASA"，美国启动了"水星计划"（载人航天飞行器计划）。自此，凯瑟琳开始作为一名航天工程师工作。

凯瑟琳主要负责航天工程计算方面的工作，她参与的项目包括艾伦·谢泼德在1961年的美国首次太空飞行，水星任务的弹道飞行实验，以及1962年"友谊号"飞船绕地球轨道飞行的任务等。凯瑟琳是如此被信任，以至于宇航员约翰·格伦曾告诉凯瑟琳说他无法相信刚刚投入使用的电子计算机的计算结果，除非凯瑟琳再次进行计算，否则他不会飞行。

终于，凯瑟琳迎来了发挥她真正实力的大舞台，那就是从1969年开始的"阿波罗计划"。1969年7月20日,"阿波罗11号"成功实现了人类历史上第一次载人登月飞行。同年11月14日,"阿波罗12号"也成功实现了载人登月计划。然而,1970年,"阿波罗13号"在登月途中发生了爆炸事故。为了将船员们安全带回地球,一场紧张而又危险的营救行动在飞船和休斯敦地面指挥中心之间展开。凯瑟琳进行了最困难的轨道计算,她面对的挑战是为机组人员返回地球找到一条安全的飞行轨道。由于"阿波罗13号"已经偏离了它的自由返回轨道,因此需要计算如何才能让它重新回到轨道上。几个小时之后,凯瑟琳终于完成了计算。多亏了她的努力,"阿波罗13号"才得以安全返回地球。

在那之后,凯瑟琳又参与了航天飞机计划和火星探索等项目。在她的职业生涯中,她总共与人合著了26篇论文。1986年,凯瑟琳退休。2015年,时任美国总统巴拉克·奥巴马授予凯瑟琳一枚总统自由勋章,凯瑟琳真正实现了自己的梦想。她的所有足迹都是她与数学一起攀登的荣耀台阶(Steps)。2020年2月25日,NASA在推特上发布了下面一段话。

　　不管是到马路需要走的步数(Steps),还是到教会需要走的步数（Steps），还是……只要是能被计算的东西我都计算过。

———凯瑟琳·约翰逊

在凯瑟琳的少女时代，她已经计算了一切。作为一名数学家，她的计算对我们在宇宙旅行中取得的初步成功起到了决定性的作用。

# 第六章

# 没有什么是比数学更有用的

## 学会区别使用"数"和"数字"

在第二章的开头，我们以"数与数字的起源"为题展开了讨论。需要注意的是，这里的"数"和"数字"是两个不同的概念。试问，有多少人会有意识地区分使用这两个词呢？关于它们的区别，可以作如下总结：数是一种概念性的或理念性的存在，是一种思维方式；而数字是数的符号化，是一种表现形式。

数（number）是一个看不见的实体，既没有颜色，也没有形状或重量，而数字（numeral 或 figure，在拉丁语中有形状或姿态的意思）是一个可见的实体，是有颜色、形状和重量的。虽然数字可以被打印在纸张上面，但数不能被打印出来，因为它们并不是真实地存在于这个物理世界。由此，我们可以看出数和数字是完全不同的存在，但在实际使用的过程中要区分它们并非一件容易的事情。

不知道你有没有注意到，"两个数字加起来等于多少"实际上是一个很奇怪的表述，正确的说法应该是"两个数加起来等于多少"。因为你不能把数字相加，只能把数相加；但是，如果老师指着黑板上的数字问学生"这两个数字相加等于多少",那情况就不一样了。因为老师在黑板上用粉笔写的10和990确实是数字,所以说"这两个数字"是正确的。如果"把这两个数字相加"的说法不正确,那么正确的表达方式应该是什么呢?答案是"把这两个数字所代表的数相加后等于多少"。不过,在日常生活中没有人会想这么多,因为无论是第一种说法,还是第二种说法,学生都会在笔记本上写下数字"1000"。

人类通过发现肉眼不可见的数和发明肉眼可见的数字创造了文明。为了生存,我们需要水、空气、食物和另外两样东西,即时间和地点,数学的诞生原本就是为了制作日历和地图。很久以前,我们的祖先曾使用小石头来计算猎物和农作物的数量。计算器的英语calculator中的calc指的就是calcium(钙)的calc。早在2500多年前的古希腊时代,数的概念就形成了。后来,古印度数字经过数千年的发展,成为我们今天所使用的阿拉伯数字。这意味着人类几乎花了数百万年的时间来发现数。当人类看到一棵树或一片叶子时,要发现其背后有一个共同的数字1,该是多么困难的一件事啊!

数和数字本来都是看不见的东西,正是由于发现和发明了它们,人类才发展到了今天这个程度。我很想知道人类究竟花了多长时间才达到如今的认知水平，所以我时常想起人类与数学那些难忘的故事。我们一起来回顾一下。

### 数与数字的区别

我们在小学学到的小数点"."，实际上是人类经历了漫长的计算之旅才掌握的。考虑到这一点，我们不难想象，在小学学到的每一个算术知识，其背后都可能有一个和小数点的诞生类似的故事。而人类的历史告诉我们，事实确实如此。

在这里，我想再次谈一谈我们在第二章中讨论过的数与数字的话题。你会如何回答下面的问题呢？

问题：请说出数与数字的不同之处。

标准答案：数是一种"思维方式"或"概念"，而数字是将数的概念用"符号"或"记号"具像化的表达方式。

那么，接下来让我们详细了解一下二者的区别。还是做个题吧，请根据下面的图填空。

图中一共有＿＿个苹果，＿＿只猫，＿＿片树叶。

答案是，一共有_5_个苹果，_5_只猫，_5_片树叶。

当大家一看到这些插图时，脑海里就已经做好计算了吧。我当然相信你一定可以在一瞬间填好这些空格。但是，不妨让我们先试着回想一下，你小时候刚开始学习数数时是怎么做的呢？你是用什么来数数的呢？答案是语言。你一定是一边念叨"一、二、三、四、五"，一边用手指比画着数数的。"一、二、三、四、五"被称为"数词"。正是由于"数词"的存在，我们才能够数数。反过来说，如果没有"数词"，我们便无法数数。也正是因为有了数词，你才能在刚才那个填空题中写下数字"5"。这一切多亏了在遥远的过去，某个人想出了"一、二、三、四、五……"这些数词和"1，2，3，4，5，…"这些数字，当你数完图中的所有东西后，你应该会意识到，苹果、猫和树叶都拥有相同的"数"。

通过这样复盘数数的过程，你会意识到一些重要的事情。一方面，很久以前，既没有"数词"，也没有"数"或"数字"的概念，人们在森林里看到苹果、猫和树叶时，开始意识到一件事情。那就是在苹果、猫和树叶这些看似不同的"事物"背后，有一个共同点——肉眼看不见却真实存在的"数"。由于数词和数字的存在，今天的我们才可以把肉眼看不见的、只存在于我们脑海之中的数当作真实可见的东西来对待。因此，许多人倾向于使用方便且可见的"数字"这个词。

另一方面，人们很难注意到"数"和"数字"之间的区

别，因为两者都有"数"这个字。那么，在英语中这两个词
对应着哪两个单词呢？"数"的英语单词是"number"，而
"数字"的英语单词是"numeral"。另外，digit这个单词也
表示数字。比如，"0,1,2,3,4,5,6,7,8,9"等单个数字被称
为"digit"。让我们从下面的例句中看一看numeral和digit之
间的关系。

123这个数字（numeral）是由1,2,3这些数字（digit）
组成的。

123是一个三位数（3 digits）的数字（numeral）。

事实上，digit也有"位数"的意思。英文单词digit原本
是"手指"的意思。因为人们起初是用手指来数数的，所以
"digit"（手指）被用来表示"单个数字"。从第一个例句可
以看出，人们通常不会区别使用numeral和digit。虽然两
者都被用来表示数字，但事实上，由于一只手是由5根手
指（digit）组成的，所以我们可以认为numeral相当于手的
角色。

digit有个派生词digital，意思是数字的或数码的，数字
音频、数字手表、数码相机和数字广播等设备都与计算机有

关。在计算机中，相当于人的手指（用于计数的东西）的是电线或者电脑芯片中一种叫作"硅"的半导体材料。计算机通过利用电线中是否有电流通过，以及硅中是否有电子存在这两种状态之间的差异来表示数字。也就是说，由于存在两种状态，我们可以用数字（digit）"0"和"1"来描述它们。不过，你千万不要以为阿拉伯数字"0"和"1"是肉眼可见的。

以上就是我们在第二章"数与数字的起源"一节中提到的"计数法"。人类有两只手10根手指，可以使用10个digit，而计算机使用2个digit就能表示所有的数字。因此，我们使用的是"十进制计数法"（简称"十进制"），而计算机使用的是"二进制计数法"（简称"二进制"）。

当我们看到用数字"0"和"1"来表示的二进制数时，或许会感到很难理解。然而，计算机仅仅使用这两个数字（digit）就能出色地完成工作。我们每天都会使用智能手机或电脑来处理信息，例如，收发电子邮件、观看新闻视频以及听音乐。由此可见，虽然2个数字（digit）比10个数字（digit）少，但也能发挥非常大的作用。

我们刚刚回顾了人们数数的能力是如何一步一步地发展而来的，通过刚才的解释，你可能已经掌握了"数字"

十进制数与二进制数

| 十进制数表示 | 二进制数表示 | 十进制数表示 | 二进制数表示 |
|---|---|---|---|
| 0 | 0 | 8 | 1000 |
| 1 | 1 | 9 | 1001 |
| 2 | 10 | 10 | 1010 |
| 3 | 11 | 11 | 1011 |
| 4 | 100 | 12 | 1100 |
| 5 | 101 | 13 | 1101 |
| 6 | 110 | 14 | 1110 |
| 7 | 111 | 15 | 1111 |

（numeral，digit）的概念，但也许"数"的概念对你来说依然难以理解。这就对了！重申一遍，你可以看见"数字"，却看不见"数"。就像科学是看不见的，它研究的是那些隐藏在大自然中的规律性的学问。同理，数学是探究看不见的"数"的一门学问。

接下来，让我们看看探究看不见的"数"意味着什么。从这里开始，当你继续阅读时，我希望你能记住一件事。我们对看不见的"数"的探索花费了数千年的时间，这是一个异常艰难的过程。然而，令人震惊的是，那些看不见的、难以理解的数存在于我们所有人的心中。

### 是真还是假？这是一个问题

为什么电脑仅仅利用0和1两个数字（digit）就能完成各种高难度的工作呢？其实真正起到作用的不是"数字"，而是运用"数"的智慧，即数学在起作用。

首先，让我们思考一下，大家平时在智能手机或电脑上处理的信息到底是什么呢？例如，电子邮件中的信息形式主要是文字，数字媒体播放器中的信息主要是音乐，而互联网上的信息则以文字、图像、音乐和视频为主。事实上，这些信息都可以被转换成"数"。例如，英文字母"A"对应着"65"，"B"对应着"66"，"Z"对应着"90"，数字"8"对应着"56"，加号"＋"对应着"43"，方括号"["对应着"91"。无论文字、数字还是符号，都能被转换成"数"。其中，最常用的转换规则就是被称为"ASCII"（American Standard Code for Information Interchange，美国信息交换标准代码）的编码系统。虽然这里使用十进制数来表示被分配的数（字符代码），但准确地说，是用7位或8位二进制数来分配字母、数字和符号等。

接下来我们讨论的是关于图像的数字化。如今，数码相机和扫描仪（图像读取器）日益普及，它们都是将图像的

## ASCII编码表

| 英文字母 | 二进制编码 | 英文字母 | 二进制编码 |
|:---:|:---:|:---:|:---:|
| A | 0100 0001 | N | 0100 1110 |
| B | 0100 0010 | O | 0100 1111 |
| C | 0100 0011 | P | 0101 0000 |
| D | 0100 0100 | Q | 0101 0001 |
| E | 0100 0101 | R | 0101 0010 |
| F | 0100 0110 | S | 0101 0011 |
| G | 0100 0111 | T | 0101 0100 |
| H | 0100 1000 | U | 0101 0101 |
| I | 0100 1001 | V | 0101 0110 |
| J | 0100 1010 | W | 0101 0111 |
| K | 0100 1011 | X | 0101 1000 |
| L | 0100 1100 | Y | 0101 1001 |
| M | 0100 1101 | Z | 0101 1010 |

模拟数据以数字化的方式转换成数字数据的机器。被称为CCD[①]的光电二极管是将光信号转换成电信号的元件。数码相机通过CCD将光信号转换为电信号，然后将电信号通过AD转换（Analog-to-Digital Conversion，模拟数字转换）电路转换成数字信号（二进制数）。音乐也是如此，麦克风可以将声音数据（模拟数据）转换为电信号（模拟数据），然后通过AD转换电路将电信号转换成数字信号（二进制数）。动画则用CCD采集图像数据，用麦克风采集声音数据，然后通过

---

① CCD（Charge Coupled Device）：一种基于半导体的存储介质，被翻译成"电荷耦合器件"。

AD转换电路将这些模拟数据转换为数字信号（二进制数）。

通过这种方式，文字、音乐、图像和视频等信息都能被转换成数字信号（二进制数）。电脑就是一台专门"计算"这些数字信号（二进制数）的机器，说白了，电脑就是一台"电子计算机"。

让我们回想一下平时在智能手机或电脑上通过电子邮件交流文字信息的场景吧。首先，你需要启动你的电子邮件程序。然后，你可以用键盘输入不同语言的文本（文字信息），并通过点击屏幕上的发送按钮发送邮件。与此同时，电脑会对外部输入的信息作出反应，并进行相应的操作。正因为装有计算机程序，电脑才能够进行复杂的数据处理。其实这些计算机程序也是由数字数据（二进制数）表示的。

为了处理包括文字、音乐、图像、视频以及计算机程序在内的数字数据（二进制数），计算机的心脏（或者大脑）——CPU（中央处理单元）起到了关键作用。当你在键盘上敲入字母"A"时，CPU通过对二进制数进行计算将其转换成ASCII码的"65（十进制数）= 1000001（二进制数）"。这种由CPU执行的计算被称为"逻辑运算"。终于，我们的叙述接近电脑了，电脑即数字计算机，也就是电子计算机的"运算"核心。

## 数学中的集合有什么用呢？

可以说几乎没有哪个领域比集合更具有数学性，这是因为数学具有"抽象性"。当你在学习集合的时候，你肯定会遇到一些熟悉的词汇，比如"与""或""否"等。然而，你可能并不清楚为什么我们非要学习集合不可。我先说一下答案吧。如果按照我此前多次提到的"数学是与人类共同发展的"这句话的意思，在数学发展之前，人类就掌握了集合的思想。在很久以前，"集合"这个概念还不存在。在小数点诞生的故事中，我们讲述的重点是小数点诞生之前，这次让我们反过来，看看集合诞生之后的故事吧！

当你第一次接触集合时，你可能会因它的抽象性感到困惑。就像我们可以通过观察和触摸具体的物体来感受事物的存在一样，当我们通过五种感官接触现实的时候，会从内心深处感受到一种深刻的真实感。如果我们能通过某种具体的东西来思考看似抽象的集合，我们肯定会改变对集合的看法。当你了解了我接下来要讲述的集合的故事之后，你就会意识到集合的抽象性中蕴含的巨大威力。那么，让我们先看一个貌似有点儿无聊的问题吧！我们先从集合的基本术语讲起。

设全集（包含我们所研究的问题中涉及的所有元素）$U = \{1,2,3,4,5,6,7,8,9,10\}$，集合 $A = \{1,2,3,4\}$，集合 $B = \{1,3,5,7\}$，求下列集合的元素。

（1）$\overline{A} \cup \overline{B}$

（2）$\overline{A \cap B}$

（3）$\overline{A} \cap \overline{B}$

（4）$\overline{A \cup B}$

集合是一个将一堆东西聚集在一起的组合。组合中的成员被称为集合的"元素"或"元"。当你在研究一个集合时，你也可以研究包含在它里面的集合。反过来说，如果你模糊地想到了一个集合，你也可以想到一个包含它的更大的集合。所以我们可以把能想到的最大的集合称为"全集"，以区别于其他集合。一旦全集被定义好了，那么我们只需要在全集的范围内考虑问题就够了。

例如，在初中和高中数学中，我们学习了"数的集合"（元素都是数字）。由"0,1,2,3,4,5,…"这些非负整数构

成的集合被称为自然数集合。如果再加上负整数，那么由
"…, -5, -4, -3, -2, -1, 0, 1, 2, 3, 4, 5, …" 这些数构成的集
合就是整数集合。而有理数①集合是由所有整数和分数构成
的集合，于是我们可以看到，在有理数集中包含整数集，而
在整数集中又包含自然数集。它们之间的关系可以用"维恩
图"②表示。

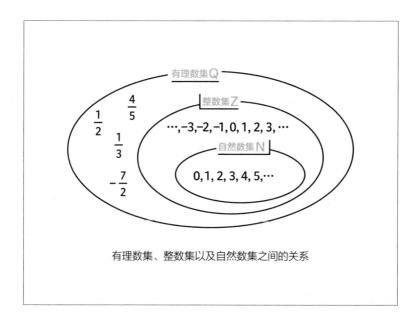

有理数集、整数集以及自然数集之间的关系

---

① 有理数：所有能被表示成分数 $\frac{n}{m}$ 的数，其中，$m$，$n$ 是整数，且 $m \neq 0$。
  无法用分数表示的数被称为"无理数"。（这里的数指的是实数范围
  内的数）
② 维恩图：直观地表示集合之间关系的图示，如子集、并集和交集等关
  系。由英国数学家和逻辑学家约翰·维恩发明。

　　由于上述这些数集被频繁使用，所以它们分别被赋予了名字。自然数集被记作N，整数集被记作Z，而有理数集被记作Q。这三个集合之间的关系可以被表示为N⊆Z⊆Q。

　　关于集合还有一个重要的概念，就是"运算"（或演算）和"数集"之间的关系。虽然运算和计算看起来很相似，但两者是不同的概念，需要区别使用。这两个术语在后面的学习内容中也会起到重要的作用。

　　运算是指在一个集合的两个元素之间通过应用某些规则来创造另一个元素的操作。例如，加、减、乘、除这些计算都属于运算，因为它们都符合从2个数字中创造1个新数字的规则。如果一个集合的元素不是数，这个集合的元素之间仍可以进行运算。与之相对的，"计算"这个词可以被适用于许多不同的场合。比如，2×（3＋4）÷5就是一个计算。这个计算是由加法、乘法和除法的运算所组成的。简单来说，2个对象之间的计算被称为"运算"，而在数学中，涉及多个数或对象之间的运算被称为"计算"。在数学以外的其他情况下，计算也被用于思考或预测某些事情，比如人们说"那个人的行为总是精心计算好的"。

　　接下来让我们考虑自然数之间的"运算"：加、减、乘、除。像3＋4＝7，可以看到，2个自然数的和也是一个自然数。乘法也是一样，2个自然数的积仍是一个自然数。然而，减法和除法的情况不同。例如，像5-7＝-2或1÷2＝0.5，2个数的差或商不一定也是自然数。我们将同样的问题放在整数集合内考虑一下试试。显然，两个数的和与积还是整数，而且现在差也是整数，但只有商仍然存在不是整数的情况。如果我们在有理数集合内考虑的话，我们看到两个数的和、差、积和商均为有理数。

通过上面的讨论我们可以看到，给定某种运算（＋，－，×，÷）与集合，集合中任意两个元素经过运算后得到的数字可能在也可能不在该集合中。这两种情况分别被称为"运算封闭"和"运算不封闭"。请记住这个区别，因为运算封闭性在后面的内容中非常重要。

集合$\overline{A}$被称为集合$A$的补集。这个集合是由全集中所有不属于集合$A$的元素组成的集合。因此，我们可以做以下推导。由于集合$A＝\{1,2,3,4\}$，所以$\overline{A}＝\{5,6,7,8,9,10\}$；又由于集合$B＝\{1,3,5,7\}$，所以$\overline{B}＝\{2,4,6,8,9,10\}$。而$A\cup B$（$A$并$B$）是由所有属于集合$A$或属于集合$B$的元素组成的集合，被称为集合$A$和集合$B$的"并集"。相反，$A\cap B$（$A$且$B$）是由所有属于集合$A$且属于集合$B$的元素组成的集合，被称为集合$A$和集合$B$的"交集"。准备工作已经就绪，现在我们开始解答问题。

（1）$\overline{A} \cup \overline{B}$

$\overline{A} = \{5,6,7,8,9,10\}$，$\overline{B} = \{2,4,6,8,9,10\}$，求这两个集合的并集。根据定义，$\overline{A} \cup \overline{B}$ 是由所有属于集合 $\overline{A}$ 或属于集合 $\overline{B}$ 的元素组成的集合，所以 $\overline{A} \cup \overline{B} = \{2,4,5,6,7,8,9,10\}$。

（2）$\overline{A \cap B}$

先求 $A \cap B$，再求这个集合的补集即可。根据定义，$A \cap B$ 是由所有属于集合 $A$ 且属于集合 $B$ 的元素组成的集合，故 $A \cap B = \{1,3\}$。因此，从全集中去掉这个集合中的所有元素就得到 $\overline{A \cap B} = \{2,4,5,6,7,8,9,10\}$。

（3）$\overline{A} \cap \overline{B}$

$\overline{A} = \{5,6,7,8,9,10\}$，$\overline{B} = \{2,4,6,8,9,10\}$，求这两个集合的交集。根据定义，$\overline{A} \cap \overline{B}$ 是由所有属于集合 $\overline{A}$ 且属于集合 $\overline{B}$ 的元素组成的集合，所以 $\overline{A} \cap \overline{B} = \{6,8,9,10\}$。

（4）$\overline{A \cup B}$

先求 $A \cup B$，再求这个集合的补集即可。根据定义，$A \cup B$ 是由所有属于集合 $A$ 或属于集合 $B$ 的元素组成的集合，故 $A \cup B = \{1,2,3,4,5,7\}$。因此，从全集中去掉这个集合中的所有元素就得到 $\overline{A \cup B} = \{6,8,9,10\}$。

怎么样，明白了吗？当然，这些问题还可以通过维恩图

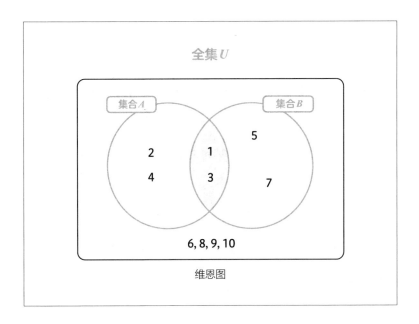

维恩图

来解答。

在这里，我希望大家能注意一件事情。如果仔细看上面4个问题的答案，我们会发现（1）和（2），（3）和（4）中集合的元素是一样的。也就是说，

$$\overline{A\cap B}=\overline{A}\cup\overline{B}=\{2,4,5,6,7,8,9,10\}$$

$$\overline{A\cup B}=\overline{A}\cap\overline{B}=\{6,8,9,10\}$$

事实上，英国数学家德·摩根最早证明了像这样描述2个集合的"或""与""补集"的关系对任意2个集合都有效，从而揭示了集合世界的法则。下面两个关于集合的等式被称为"德·摩根定律"：

$$\overline{A \cap B} = \overline{A} \cup \overline{B}$$

$$\overline{A \cup B} = \overline{A} \cap \overline{B}$$

我们在上文讲了一些关于集合的概念，可能大家还没有感受到其具体性。一位数学家发现，存在于抽象集合中的德·摩根定律其实也出现在某种具体的事物中。

### 乔治·布尔[①]的登场

英国数学家乔治·布尔出身于一个贫寒的家庭，小时候的他没有机会上学。布尔在少年时期几乎完全靠自学的方式学习了数学。在布尔16岁的时候，他凭借非凡的数学才能当上了一所私立学校的数学教师。离开老家后，他一边担任数

学教师一边继续学习数学。布尔希望那些像他一样因为贫穷而无法上学的孩子都能到学校学习，于是他在19岁的时候返回家乡创办了一所学校。到了34岁的时候，布尔的数学实力被更多人看到，他成为一名大学教授。其

乔治·布尔

① 乔治·布尔（1815—1864年）：英国数学家和哲学家。他是符号逻辑学和布尔代数的提出者，为计算机的发明提供了理论基础。他的不朽名作《逻辑的数学分析》对德·摩根产生了巨大的影响。

实布尔早在成为大学教授之前就已经发表了具有划时代意义的论文，这篇论文至今仍在深刻地影响着我们，它就是《逻辑的数学分析》。

逻辑学作为数学的一个分支，它与集合的关系是密不可分的。请你思考一下，"所有的人都是动物"这句话是否恰当。首先，这个句子的内容是正确的。那么，反过来，"所有的动物都是人"这句话正确吗？很明显，这句话是错误的。那么类似的句子，"所有的食物都很美味"是否恰当呢？这句话既不是明显的正确，也不是明显的错误。因此，在那些明显正确或者明显错误的句子和那些含糊不清、不能明确判断正确与否的句子之间存在一种区别。在数学中，前者被称为"命题"。所以，"所有的人都是动物"和"所有的动物都是人"是两个命题，而"所有的食物都很美味"不是命题。正确的命题被称为"真命题"或"命题为真"，不正确的命题则被称为"假命题"或"命题为假"。这些术语来自英语中的truth（真相）和falsehood（谎言、虚假）。

"证明"这个概念最早出现在初中的数学课本中，而且只出现在"请证明一个命题是真的"这种语境下。证明是一条从前提或假设推导到结论的路径，这样的路径被称为"逻辑"。逻辑学是关于逻辑的科学，是一种思考问题的方式。

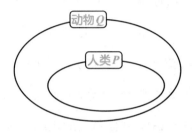

所有的人都是动物
→ 任意一个人都是动物
→ 将所有人的集合记为 $P$，所有动物的集合记为 $Q$。
  如果一个元素属于 $P$，那么它就属于 $Q$。
→ 集合 $P$ 和 $Q$ 的关系为 $P \subseteq Q$

因此，可以说初中的数学为我们日后学习逻辑学打下了很好的基础。

逻辑可以借助集合的概念来解释说明。对于"所有的人都是动物"这个真命题，"所有的人"和"动物"都可以被视作集合。于是我们可以看到，这两个集合之间存在包含关系。

这也意味着，命题的逻辑可以被重新表述为集合之间的维恩图。让我们来思考一下另一个不同的句子（命题），真命题"有一些猫是白猫"，可以表示为 $A \cap B$，其中集合 $A$ 表示"所有的猫"，而集合 $B$ 表示"所有白色的动物"。通过

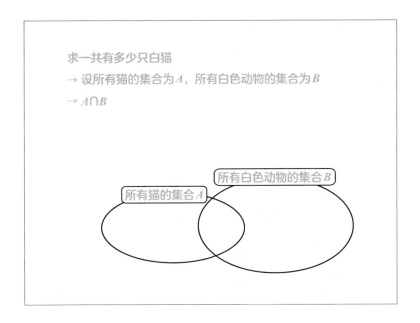

这种方式，我们会发现，我们的对话同样基于逻辑和集合，即数学机制。可以说，人类在日常语言所描述的具体世界中发现了由逻辑和集合描述的抽象世界，即数学被隐藏在了我们熟悉的口语世界中。

然而，如果我们仔细思考一下"为什么对话的文本背后会有数学机制的存在"，就会发现一个事实：我们身为这些对话文本的创造者，本来就是以逻辑以及推理与集合这种数学的思维方式生存至今的。这也让我想起了类似于小数点的诞生一样的情况。

到目前为止，我们所看到的集合和逻辑的内容应该不至于那么难以理解。虽然没有小数点那么简单，但一旦你克服了概念的障碍，就会意识到我们谈论的其实是一些简单得令人惊讶的东西。然而，集合和逻辑的概念长期以来一直隐藏在封闭的阴影中。我们花了很长时间才意识到这一点，就像发现小数点一样。

数学需要逻辑的思维方式，而逻辑需要集合的概念。所以，数学的世界是由集合构建起来的。

接下来我们将介绍乔治·布尔的伟大发现，是时候进入集合和逻辑被发现之前的故事了。

## 布尔数学体系

1844年，29岁的布尔在论文中提出的新思想，就是下面这个"数的世界"的故事。

布尔提出的"数的世界"被称为"布尔数学体系"。正如在通常的数的世界中有四种算术运算——从2个数字中创造出1个新的数字的计算，在布尔数学体系中也有运算的存在。其中有三种基本运算，分别是加法"＋"、乘法"·"和补元"－"，加法"＋"和乘法"·"与通常的定义相同。对于补元"－"，我们将在后面的算例中进行解释。在通常的数的世界中，有从0到9的数字，而在布尔数学体系中，只有0和1两个数字。

假定一个"数的世界"中的任意3个适当的数 $A$、$B$ 和 $C$（即集合"数的世界"中的元素 $A$、$B$ 和 $C$）满足以下规则。

【交换律】

$$A + B = B + A \quad \cdots\cdots ①$$

$$A \cdot B = B \cdot A \quad \cdots\cdots ②$$

【分配律】

$$A \cdot (B + C) = (A \cdot B) + (A \cdot C) \quad \cdots\cdots ③$$

$$A + (B \cdot C) = (A + B) \cdot (A + C) \quad \cdots\cdots ④$$

【单位元】

$$A + 0 = A \quad \cdots\cdots ⑤$$

$$A \cdot 1 = A \quad \cdots\cdots ⑥$$

【补元】

$$A + \overline{A} = 1 \quad \cdots\cdots ⑦$$

$$A \cdot \overline{A} = 0 \quad \cdots\cdots ⑧$$

以上这些都是布尔数学体系中的计算法则，与通常的计算法则既有相同的情况也有不同的情况。

交换律中的①②对于通常的数的运算依然成立。

例如，$3+5=5+3$，$2 \cdot 3=3 \cdot 2$。

分配律中的③对于通常的数的运算依然成立。

例如，$2 \cdot (3+1)=(2 \cdot 3)+(2 \cdot 1)=8$。

然而，分配律中的④对于通常的数的运算并不成立。

例如，$2+(3 \cdot 1) \neq (2+3) \cdot (2+1)$，因为左边是5，而右边是15。

单位元中的⑤⑥对于通常的数的运算都成立。

例如，$3+0=3$，$3 \cdot 1=3$。

而补元中的⑦⑧均不属于通常的数的四则运算。

在布尔数学体系中，3种运算是封闭的

$\overline{A}$

| A | $\overline{A}$ |
|---|---|
| 0 | 1 |
| 1 | 0 |

$A \cdot B$

| A | B | $A \cdot B$ |
|---|---|---|
| 0 | 0 | 0 |
| 0 | 1 | 0 |
| 1 | 0 | 0 |
| 1 | 1 | 1 |

$A+B$

| A | B | $A+B$ |
|---|---|---|
| 0 | 0 | 0 |
| 0 | 1 | 1 |
| 1 | 0 | 1 |
| 1 | 1 | 1 |

让我们来看一下由这三种运算"+""·""ー"与两个数字（0和1）所决定的布尔数学体系满足的一些重要性质。可以通过观察"+""·""ー"这三种运算的单个运算，即 $A+B$，$A \cdot B$，$\overline{A}$ 的运算结果来推导。由于 $A$，$B$ 分别是0和1中的一个，所以总共有4种组合。于是，从运算法则①～⑧可以推导出以下结果（它们均能被证明）。那么，让我们先来证明几个看看吧。

在⑤中令 $A=0$，则 $0+0=0$；

在⑤中令 $A=1$，则 $1+0=1$；

在⑥中令 $A=1$，则 $1 \cdot 1=1$。

以此类推，下面表格中剩余的所有运算结果都可以从①～⑧的计算法则中得到证明。请你务必尝试着证明一下看看。

好了，请仔细观察这些运算的结果。你会发现 $A+B$，$A \cdot B$，$\overline{A}$ 的运算结果都是0或1。也就是说，在布尔数学体系中，三种运算"+""·""ー"中的每一个运算都是封闭的。我们之前已经解释过，对于普通的数的四则运算可能是封闭的，也可能不是封闭的，这主要取决于如何选择"数的世界"。让我们再次回顾一下，在自然数的世界中，减法运算"-"就不是封闭的，例如，$3-5=-2$，运算结果 $-2$ 不再属于自然数。这意味着，如果运算不封闭，那么我

| $A$ | $B$ | $A \cdot B$ | $\overline{A \cdot B}$ | $\overline{A}$ | $\overline{B}$ | $\overline{A}+\overline{B}$ |
|---|---|---|---|---|---|---|
| 0 | 0 | 0 | 1 | 1 | 1 | 1 |
| 0 | 1 | 0 | 1 | 1 | 0 | 1 |
| 1 | 0 | 0 | 1 | 0 | 1 | 1 |
| 1 | 1 | 1 | 0 | 0 | 0 | 0 |

$$\overline{A \cdot B} = \overline{A} + \overline{B}$$

| $A$ | $B$ | $A+B$ | $\overline{A+B}$ | $\overline{A}$ | $\overline{B}$ | $\overline{A} \cdot \overline{B}$ |
|---|---|---|---|---|---|---|
| 0 | 0 | 0 | 1 | 1 | 1 | 1 |
| 0 | 1 | 1 | 0 | 1 | 0 | 0 |
| 1 | 0 | 1 | 0 | 0 | 1 | 0 |
| 1 | 1 | 1 | 0 | 0 | 0 | 0 |

$$\overline{A+B} = \overline{A} \cdot \overline{B}$$

们就无法安心地进行计算；反之，如果运算封闭，那么在任何情况下我们都可以安心地进行计算。

整数集 Z 对于加法"＋"、减法"－"和乘法"×"来说是封闭的。因此，我们可以安心地进行计算（运算的组合）。也就是说，在 0 和负数还没有被发明出来的时代，人类无法自由地进行加法、减法和乘法的计算。

在布尔数学体系中，三种运算"＋""·""－"中的每一个运算都是封闭的，所以我们说这是一个可以安心地进行计算的"得体的数的世界"。

现在，是时候让我们看看布尔数学体系中最令人惊喜的结果了。利用$A+B$，$A \cdot B$，$\overline{A}$的运算结果，我们可以得到以下结果。

$$\overline{A \cdot B} = \overline{A} + \overline{B} \qquad \cdots\cdots ⑨$$

$$\overline{A+B} = \overline{A} \cdot \overline{B} \qquad \cdots\cdots ⑩$$

大家有没有觉得这两个公式似曾相识呢？其实这些就是我们在集合一节最初的问题中已经确认过的德·摩根定律。

$$\overline{A \cap B} = \overline{A} \cup \overline{B} \qquad \cdots\cdots ⑪$$

$$\overline{A \cup B} = \overline{A} \cap \overline{B} \qquad \cdots\cdots ⑫$$

你看，只要在公式⑪和⑫中分别将"∪"换成"＋"，将"∩"换成"·"，我们就可以得到公式⑨和⑩。集合世界的运算定律居然和布尔数学体系运算定律的形式完全相同！布尔的发现揭示了同样的定律可以适用于两个看似不同的世界。

那么，为什么布尔数学体系一开始就选择了0和1这两个数字呢？在"逻辑"的世界里，人们最关注的问题是一个命题的真假。对于一个给定的命题，如果该命题是真的，我们可以将其对应于数字1；如果该命题是假的，就将其对应于数字0。布尔提出了一个革命性的想法，即逻辑世界可以通过将集合的语言转换为数字0和1以及运算来进行描述。换句话说，布尔数学体系中的运算实际上是逻辑世界中关于命题真假的运算。

讲到这里，整个故事可能已经变得有点儿复杂了。让我们重新理一遍。对于关注证明和推理的逻辑世界，我们可以用集合的语言（∩，∪和维恩图等）来描述。后来，布尔发现，逻辑世界可以被转换成由0（假）和1（真）所构成的"数的世界"。换句话说，逻辑世界可以分别被转换成集合的世界和数的世界来描述。这意味着，我们既可以使用"∩""∪""＋""·"等集合的语言，也可以使用数字0和1来研究逻辑学。

后来，这种新的逻辑学被称为"符号逻辑学"或"数理逻辑学"。

布尔数学体系在数学上被称为"布尔代数"。1844年，29岁的布尔发表了关于"布尔代数"的理论基础的论文，10年后，39岁的布尔又发表了《关于逻辑和概率的数学理论所依据的思维规律的研究》（也被翻译为《思维规律的研究》）。这本书被称为"布尔代数的原典"。

## 100年后，布尔的理论将与现实世界产生连接——香农的大发现

从讨论抽象的集合有什么用开始，这个漫长的故事终于迎来了大结局。布尔，一个自学成才的数学家，他最引人注

目的成就是将集合应用到了逻辑
学中。直到20世纪，即布尔去世
100年后，人们才清楚地认识到
他的思想——"符号逻辑学"或
"数理逻辑学"在现实世界中拥有
的巨大威力。布尔的数学思想就
隐藏在电路中。美国电气工程师

克劳德·香农

和数学家克劳德·香农[①]（Claude Shannon）的重大发现，将
布尔数学体系与使用0和1的开关电路联系了起来。香农的
想法很简单，就是把开关中的开启和关闭状态分别对应1和
0。事实证明，包含开关的电路刚好对应布尔数学体系中的3
种基本运算，即加法"＋"、乘法"·"和补元"一"。

　　让我们来看看这是怎么一回事。首先，布尔数学体系中
的1和0分别对应开关的开启和关闭。下图显示了开关A和B
的开启与关闭状态。当我们把开关A打开时可以表示为A＝
1，关闭时则表示为A＝0。我们可以看到，运算A＋B代表

---

① 克劳德·香农（1916—2001年）：美国电气工程师和数学家，信息论
的开创者。在其博士论文《对继电器和开关电路中的符号分析》中，
他将布尔代数应用于计算机。这表明不只是计算，所有的逻辑运算都
可以用计算机来实现。这篇论文的影响力非常大，以至于原本基于十
进制系统的计算机电路从此开始使用二进制系统进行设计。

## ■演算A+B　并联电路

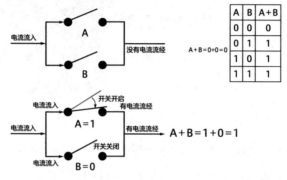

| A | B | A+B |
|---|---|-----|
| 0 | 0 | 0 |
| 0 | 1 | 1 |
| 1 | 0 | 1 |
| 1 | 1 | 1 |

$A+B=0+0=0$

$A+B=1+0=1$

## ■演算A·B　串联电路

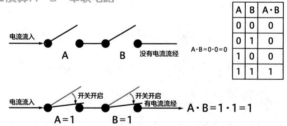

| A | B | A·B |
|---|---|-----|
| 0 | 0 | 0 |
| 0 | 1 | 0 |
| 1 | 0 | 0 |
| 1 | 1 | 1 |

$A·B=0·0=0$

$A·B=1·1=1$

## ■补元$\overline{A}$　反转电路

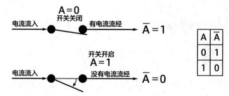

| A | $\overline{A}$ |
|---|---|
| 0 | 1 |
| 1 | 0 |

的是两个开关的并联电路，运算 A・B 代表的是两个开关的串联电路，而运算 $\overline{A}$ 代表的是一个反转电路。

在并联电路中，当开关 B 开启（A＝1），开关 B 关闭（B＝0）时，从图的左侧流入的电流将从图的右侧流出。也就是说，这时整个电路处于开启状态，可以用运算 A＋B＝1＋0＝1 来表示。在串联电路中，当开关 A 开启（A＝1），开关 B 也开启（B＝1）时，从图的左侧流入的电流将从图的右侧流出，可以用运算 A・B＝1・1＝1 来表示。而在反转电路中，开关关闭意味着电路是连通的，开关开启反而意味着电路是断开的。当开关 A 开启（A＝1）时，由于电路断开，因此图中右侧没有电流流出（整个电路处于关闭状态），可以用运算 $\overline{A}$＝0 来表示。

于是，布尔数学体系的四条法则交换律、分配律、单位元和补元可以分别用下图中的开关电路来表示。

像这样，香农成功地创造出与布尔数学体系的四条法则一一对应的开关电路。然而，在香农的时代，还没有任何技术能够缩小这些电路的物理尺寸。直到 20 世纪中期，人们才发明了晶体管，其中用到了一种叫作硅的半导体材料，这标志着电子时代的开始。晶体管的工作原理相当于一个放大器（amplifier），晶体管收音机可以利用晶体管的放大作用，通

## 交换律

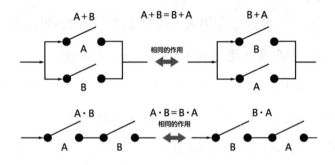

## 分配律

$$A \cdot (B+C) = (A \cdot B) + (A \cdot C)$$

$$A + (B \cdot C) = (A+B) \cdot (A+C)$$

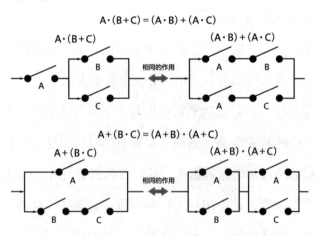

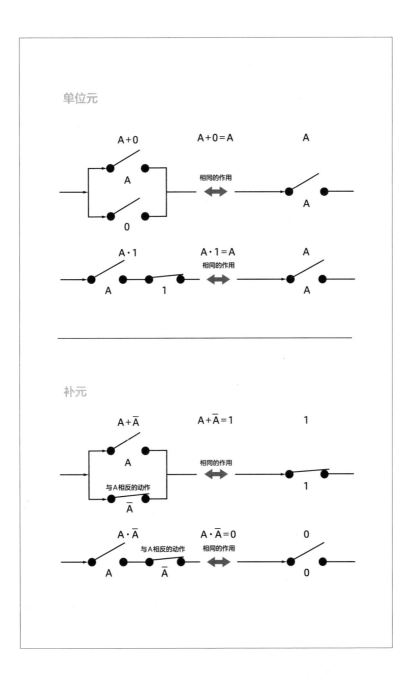

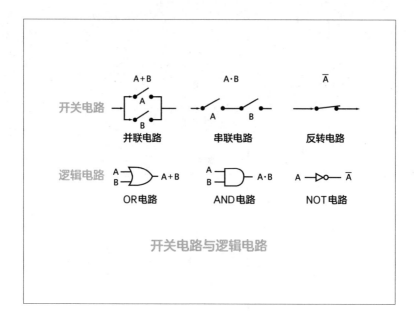

开关电路与逻辑电路

过扬声器输出声音。晶体管还有一个功能，那就是开关。香农的想法是将晶体管作为一个开关来使用，通过这种方式设计出来的电路被称为"逻辑电路"。在逻辑电路中，运算A＋B代表的并联电路被称为"OR电路"，运算A·B代表的串联电路被称为"AND电路"，运算$\overline{A}$代表的反转电路被称为"NOT电路"。而且，在逻辑电路中，布尔数学体系中的1和0分别对应着是否有电流流经。

我们看到，随着技术的发展，电路的名称也发生了变化。当然，无论是开关电路还是逻辑电路，它们都以布尔数学体系为理论基础。

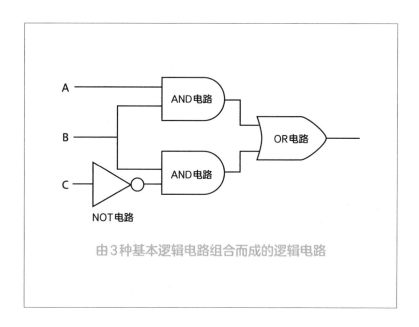

由 3 种基本逻辑电路组合而成的逻辑电路

布尔数学体系的威力正逐渐显现出来。事实上，有了这三种逻辑电路（OR电路、AND电路和NOT电路），任何复杂的逻辑电路都可以被组装出来。这个创造已经极大地改变了我们今天的生活。

### 终于，电脑被发明出来了！

随着晶体管小型化技术的进步，大量晶体管可以被集成在一个逻辑电路中，从而产生了集成电路（IC）。在电脑和智能手机中，有许多黑色的长方形元件，这些就是集成电路（IC）。根据功能的不同，它们被赋予了"内存"和"CPU"等名称。

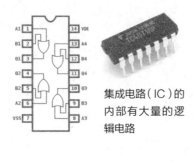

集成电路（IC）的内部有大量的逻辑电路

终于，我们迎来了故事的最终章。我们使用的电脑和智能手机其实就是集成电路，即逻辑电路的集合体。正是基于大量逻辑电路的高密度集成，许多复杂的处理才得以实现。如今，高度发达的电子技术（electronics）已经成功地将大量的逻辑电路装入一台适合人们手掌大小的机器。得益于此，内存和计算速度也得到了极大提高。同时，关于"如何让计算机做计算"的软件也取得了长足的进步。在这种协同效应的作用下，文字、声音和视频等大数据都可以掌握在我们手中。

"集合到底有什么用呢？"故事讲到这里，想必你已经明白了，这个问题的答案就在你手中的智能手机里。

布尔提出的想法是，集合的语言可以用来描述逻辑，而逻辑可以被转换成关于数字0和1的计算。后来，香农在电路中实现了布尔的想法。现代计算机或者说数字世界，就这样诞生了。由于集合这个概念过于抽象，学生们在中学阶段第一次学到它时可能会感到沮丧并丧失学习的欲望。然而，经过了漫长的时间，布尔和香农等数学家揭示了它是解释集合以外的世界的一种基本而又强大的语言。

电脑和智能手机里面常见的IC

　　集合的故事告诉我们，它其实是一种非常人性化，并且在背后默默地支撑着具体且有形的物理世界的语言。当你拿起智能手机时，你会从它的重量中感受到某种现实感。当你打开电源，在屏幕上滑动画面时，我希望你能记住，液晶屏幕上显示的画面，其实就来自那些看不见也摸不着的集合语言。如果你无法相信这一点，请不要忘记我们人类也是被那些看不见也摸不着的"语言"所驱动的。

# 结　语

　　大家知道日语里的"勉强"是什么意思吗？如果翻开日语字典，找到这个词的解释，你会发现以下内容。

　　《明镜国语辞典》第二版（大修馆书店）

　　❶为了获得学问、知识和技术等而学习。例如，"学习算术""应试学习"。

　　❷经历某些事情，或者指对将来有帮助的经验。例如，"虽然考试成绩不理想，但这也是一次很好的学习经验"。

　　❸指商人降价，对商品打折（这是中文里没有的意思）。例如，日语原文「勉強させていただきます」表示"我要降价了"的意思。

通过上面的解释我们大致可以理解日语"勉强"的意思了。另外，在日本的字典《汉字源》中记载了以下的内容。

❶面对困难的事情依然强行努力去做。例如，"或勉强而行之"，出自《中庸》。

❷强行地进行劝导。

❸努力学习。

❹商人将商品便宜卖。


我认为《汉字源》中关于"勉强"的解释更接近于这个词原本的意思。语言是活的，在被人们使用的过程中，最初的意思逐渐发生变化，或者被加入了新的含义。对比一下这两本字典中关于"勉强"一词的解释就可以看出这一点。不同于《明镜国语辞典》中的解释，在《汉字源》中"勉强"还有"强行努力"的意思。那么，是否随着时代的发展逐渐产生了这样的意思呢？我不这么认为。即使在今天，《汉字源》中的"强行努力"这个意思仍然被保留了下来。我在本节第一句话里说的"勉强"正是《汉字源》中"❶面对困难的事情依然强行努力去做"这个意思。当孩子们说他们"不想勉强"时，我猜这里的"勉强"指的应该也是这个意思。

因为他们是在勉强自己学数学，所以结果很可能就是他们将在某个时刻彻底放弃学习数学。这是因为他们太强迫自己努力了，这样的"勉强"是不可能持续很长时间的。你想想看，哪有人会说"我想勉强音乐""我想勉强体育"或者"我想勉强舞蹈"呢？就算在极少数情况下可能有人会这么说，但通常人们是不会这样说的。真正适用于这些语境的单词应该是"Do"（做）。例如，"Do Music"（做音乐），"Do Sports"（练体育），"Do Dance"（跳舞）。

相比之下，"勉强"这个日语词正好适用于算术和数学。正如《明镜国语辞典》中❶的例句所使用的那样，数学应该与音乐、体育和舞蹈一样，用"Do Mathematics"（做数学）表示。我们没有必要一一解释"做音乐""练体育"和"跳舞"是什么意思，重要的是，你要记住，每个人都有自己做音乐、练体育和跳舞的方式。你做什么完全取决于自己，歌颂这种自由的喜悦正是人们做音乐、练体育和跳舞的动机。

相比之下，做数学看起来并没有这种自由，大多数人甚至不知道做数学其实是可以按照自己的方式自由发挥的。这并不奇怪，因为通常人们认为数学就是"学校里教的数学"。音乐、体育、舞蹈和数学之间的关键区别在于，除了学校以外，它是否还存在于其他的场景中。遗憾的是，学校的课堂几乎是数学存在的唯一场景。这也产生了一个问题，除了学校以外没有其他地方可以做数学。

我的工作就是在学校以外的地方为做数学创造一个场景。我组织了关于数学的娱乐节目，开办了数学教室，合作举办了数学的自由研究竞赛和数学甲子园（由公益财团法人日本数学检定协会主办），并在一些媒体上出演、合作制作节目以及出版数学读物。多亏了各位热爱数学的人的帮助，我才能将科学领航员作为自己一生的事业。

我非常喜欢江户时代。由《尘劫记》所引发的数学热会不会在这个时代再次发生呢？在新时代，实际上我们生活中的每一个角落都有数学的存在。那些看不见的数学总是在人们不知道的情况下悄悄地引领着人类文明的发展。真正在引领着 AI（人工智能）、比特币、量子计算机和奇点等最前沿科技发展的就是数学。而掌握着数学的是人类自己。

经常有人问我，"你为什么叫科学领航员呢？"我会回答说，我不喜欢"数学"这个词，因为它通常让人们联想到学校里教的数学。我也不喜欢"数的学问"这个说法，因为这么说会把数学的研究对象局限在"数"本身，而事实上数学并不仅仅是研究"数"的。我选择"科学领航员"这个说法，是因为用科学来理解现实中的数学更为贴切（因为抽象的数学高于现实世界，相对来说更难理解）。事实上，在我将身份转变为科学领航员之后，才了解了Mathematics原本的含义。在古希腊语中，它的意思是"作为一个人所要学习的东西"。当我得知这一点的瞬间，"数学"这个词此前所散发出的某种违和感终于彻底消散了。创造出数学的古希腊人其实早就已经赋予了它最准确的含义，这个事实让我大受震撼。

所以，我们讨论的不是数学，而是Mathematics。

为了活用在学校里所学的数学，我们应该在校外实践中"Do Mathematics"。这就是我在第一章的结尾所说的"我很高兴你对这个问题如此感兴趣。最后一个问题真的很重要。事实上，答案就在我们眼前，我不知道你是否已经意识到了这一点"。N先生与S先生这段关于数学的讨论就是"Do Mathematics"。N先生在校外思考和谈论数学，从而对数学产生了兴趣。

如果不好好利用你在学校里学过的数学，那就太可惜了。那些还没有真正体验过Mathematics的人，总有一天会有机会体验到的。因为世界是由数学构成的，线索就在我们身边。

樱井 进

2020年10月